想事之道

王一 ◎ 著

中国商业出版社

图书在版编目（CIP）数据

想事之道 / 王一著. -- 北京 : 中国商业出版社, 2025. 5. -- ISBN 978-7-5208-3398-1

Ⅰ. B804

中国国家版本馆 CIP 数据核字第 2025Y8D728 号

责任编辑：滕　耘

中国商业出版社出版发行

（www.zgsycb.com　100053　北京广安门内报国寺 1 号）

总编室：010-63180647　编辑室：010-83118925

发行部：010-83120835/8286

新华书店经销

三河市冠宏印刷装订有限公司印刷

*

710 毫米 ×1000 毫米　16 开　10 印张　152 千字

2025 年 5 月第 1 版　2025 年 5 月第 1 次印刷

定价：39.80 元

* * * *

（如有印装质量问题可更换）

前言

在纷繁复杂的世界中，思考就是那把开启智慧与成功之门的钥匙。人们时常在生活的洪流中奋力前行，却往往忽略了如何更有效地思考，如何运用成功者的思维去洞察事物的本质，把握未来的脉搏，做到出类拔萃。

从新手到成功者的进阶之路，不仅是对专业技能的极致追求，更是对思维深度和广度的深度挖掘。做到成功，不仅在于成功者拥有超凡的技能和丰富的经验，更在于他们具备独特的思考方式和决策智慧。他们擅长运用智慧，将有限的资源转化为无数潜在的机会。

本书旨在引导读者进入一个全新的思考境界，学习那些站在时代前沿的成功者，如何利用其独特的思考模式解决难题，创造机会，取得卓越成就。本书通过一系列生动的故事、深刻的案例分析以及实用的方法论，揭示了成功者在面对挑战时，如何运用逻辑思维、逆向思维、系统思维等多种思维模式，化繁为简，直击要害，从而在竞争中脱颖而出。

本书从宏观的视角深入探讨了成功者在关键领域的思维方式和行动策略，包括思考、决策、预见、布局、创新、领导和个人修养。成功者的思考过程是严谨而系统的，他们擅长运用逻辑思维构建思考框架，利用系统思维来把握整体与部分的关系，并运用批判思维进行独立思考和真伪辨析。在决策过程中，成功者能够迅速收集信息，深入分析，预见风险，并结合直觉与理性果断采取行动。他们不仅关注当前状况，更具备预见未来的能力，能够从宏观角度把握时代的脉搏，从微观洞察行业的发展先机，紧跟科技的浪潮，洞悉市场需求，并预见新兴领域的发展。

此外，本书还深入分析了成功者的布局策略和创新思维。他们擅长制定长远规划，优化资源配置，采用差异化竞争策略，并构建生态合作网络。在创新方面，成功者能够激发潜能，挑战传统思维，重新定义问题，并以用户为中心进行设计，持续优化，不断追求创新。作为领导者，成功者具备愿景引领、高效沟通、激励机制、文化建设以及变革管理的能力，能够带领团队走向成功。在个人修养方面，成功者善于探索生命的意义与价值，平衡工作与生活，积极面对挑战，建立良好的人际关系，培养高尚的品格与情操。他们懂得自我管理，高效利用时间，熟练驾驭情绪，并通过持续学习保持内在动力与激情。

总之，本书是一本旨在提升个人思考力与决策能力的实用手册。它不仅包含了思维方式和行动策略，更是一次心灵的启迪与智慧的碰撞。它鼓励读者在理解成功者思维的基础上，不断修炼自己，提升思维层次，做到自己人生的成功。无论是渴望在职业生涯中有所作为的职场人士，还是希望在个人成长道路上不断突破自我的追梦者，这本书都能为其提供有益的指导和启发。

目录 Contents

第一章 思维基石：成功者的修炼之基

第二章 洞察秋毫：成功者的决策智慧

第三章 预见未来：成功者的趋势预判

第四章 战略视野：成功者的布局策略

第五章 创新思维：成功者的创意迸发

第六章 领导之力：成功者的引领之道

第七章 人生智慧：成功者的自我修养

第八章 持续提升：成功者的自我管理

第一章

思维基石：成功者的修炼之基

在个人的成长之路上，思维基石是不可或缺的修炼之基。它如同建筑中的坚实地基，支撑着思维大厦的巍峨耸立。成功者之所以能够迅速洞察问题本质，作出精准的决策，其背后正是他们深厚的思维能力在发挥作用。本章将深入探讨思维基石的重要性，揭示成功者如何通过锤炼思维实现自我超越，为个人的成长之路提供宝贵的启示与指引。

第一节　逻辑思维：构建严谨的思考框架

逻辑思维作为一种系统而严谨的思考方式，不仅是哲学家、科学家和律师等专业人士的必备工具，更是每个人在日常生活中作出明智决策、有效沟通、解决问题的关键能力。一个逻辑严密、条理清晰的思考框架，能够帮助人们穿透迷雾，洞察事物的本质，从而作出更为准确和合理的判断。本节将深入探讨逻辑思维的框架，并为人们提供一套切实可行的逻辑思维培养方法，帮助大家逐步构建起属于自己的严谨思考框架。

雷军作为小米公司的创始人，凭借其敏锐的商业洞察力和卓越的逻辑思维能力，成功引领小米从一个初创企业成长为全球科技巨头。在公司成立之初，雷军就敏锐地察觉到智能手机市场的巨大潜力及消费者对高性价比产品的渴望。面对市场垄断，他运用出色的逻辑思维，创造性地结合“互联网+”的商业模式，通过线上直销模式降低成本，提供高性价比的产品。这一创新策略颠覆了传统的手机销售模式，迅速提升了小米的市场份额和品牌知名度。

雷军还注重用户体验与极致性价比，投入了大量资源进行产品研发，确保产品性能卓越且价格亲民，从而赢得了广大消费者的信赖。同时，他还重视企业文化与团队建设，将小米塑造为一家有情怀和有担当的企业，有效会聚并维持了一支高素质的人才队伍，为公司的长远发展打下了坚实的基础。在雷军的引领下，小米不仅在智能手机市场站稳了脚跟，还在智能家居、人工智能等领域取得了显著成就，逐步成为全球知名的科技公司。

一、逻辑思维的作用与价值

在个人的修炼之路上，逻辑思维是一块重要的基石。其核心包含三大要素：清晰的概念界定、合理的推理结构以及严密的论证过程。小米的成功，在很大程度上归功于其领导者对逻辑思维的深刻理解和巧妙运用。

小米提出了“专注、极致、口碑、快”的互联网思维“七字诀”，明确界定了其核心发展理念，即专注于产品、追求极致性价比、重视用户口碑、快速迭代。在决策过程中，小米善于运用逻辑思维分析市场趋势、消费者需求及竞争策略，保障了决策的科学性和准确性。同时，注重论证过程的严密性，无论是产品定价还是市场拓展，都经过充分的市场调研和数据分析，确保每一步都稳健有力。这种逻辑思维的运用，使小米在商业竞争中脱颖而出，创造了商业奇迹。

逻辑思维在从新手到成功者的修炼之路上扮演着至关重要的角色，它不仅深刻影响个人的思维质量，更直接关系决策的正确性和效率。

首先，逻辑思维能够显著提升决策质量。

在复杂多变、竞争激烈的市场环境中，成功者深知仅凭直觉或经验往往难以应对各种挑战。他们依靠严谨的逻辑思维，对市场进行深入调研，细致分析竞争对手的策略以及消费者需求的微妙变化，从而确保所作出的决策既科学又准确，能够最大化地规避风险，把握机遇。

其次，逻辑思维能够增强问题解决能力。

在面对难题时，成功者通常能够运用逻辑思维，像剥洋葱一样层层深入，系统且全面地剖析问题，直至找到产生问题的真正根源。这种能力使他们能够快速提出针对性的解决方案，有效解决在工作或生活中遇到的各类问题。

再次，逻辑思维能够促进知识融合与创新。

成功者深知，零散的知识如同散落的珍珠，只有经过逻辑思维的串联，才能形成璀璨的“知识项链”。他们通过不断学习新知识，并运用逻辑思维将其与已有知识融合，从而在工作实践中激发出新的创意和灵感。

最后，逻辑思维还能够提高沟通效率。

成功者在表达思想时，总是能够清晰地阐述自己的观点和逻辑链条，使听者能够迅速理解他们的意图。他们懂得，沟通需有条理和逻辑，避免冗杂表达。这种高效的沟通方式能够增强人际联系，提高团队协作的效率与质量。

因此，逻辑思维在个人的修炼之路上扮演着至关重要的角色。只有掌握逻辑思维，才能在复杂多变的环境中作出明智的决策，解决棘手的问题，推动知识的进步和发展，提高沟通效率和质量。

二、逻辑思维能力的提升技巧

提升逻辑思维能力是一个既长期又系统的过程，它要求我们不断地学习、实践、反思与调整。对于每一个渴望在思维能力上达到更高境界的人来说，掌握并应用逻辑思维不仅是个人成长的关键，也是应对复杂社会环境、解决各类难题的有效工具。以下列举了提升逻辑思维的六个要点，旨在帮助大家逐步构建起严谨而高效的思考框架。

要点一：系统学习逻辑学知识。

逻辑学是研究思维构成规则与原理的学科，是强化逻辑思考能力的基石。通过系统学习逻辑学知识，我们能够深入理解概念、判断、推理等逻辑形式，掌握逻辑规则如排中律、矛盾律、同一律等，以便后续能够顺利地进行逻辑思维训练。在学习过程中，我们还可以结合实例分析，将理论与实际相结合，以便加深理解。

要点二：进行逻辑思维训练。

通过逻辑推理题、脑筋急转弯、辩论赛等形式的训练，我们能够提升自己的逻辑推理能力和思维敏捷性。这些训练不仅有助于我们熟悉逻辑思维的各种技巧，还能在实际应用中增强我们的应变能力和解决问题的能力。值得注意的是，在训练过程中要保持耐心和毅力，持之以恒地练习，才能取得显著成效。

要点三：积极参与讨论与交流。

与他人进行深入的讨论和交流是激发新思考角度和灵感的关键途径。在与不同背景的人交流时，我们可以接触多样化的观点和思维方式，这有助于我们跳出固有的思维模式，拓宽视野。在交流中，我们应学会倾听他人的观点，运用逻辑思维进行分析和评估，同时也要勇于表达自己的见解，在与他人的思想交流中不断锻炼和提高自己的逻辑思维能力。

要点四：广泛阅读各类书籍。

选择那些逻辑严密、论证充分的书籍进行阅读，如经典哲学著作、经济学原理书籍等，可以潜移默化地增强我们的逻辑分析能力。在阅读过程中，不妨尝试自己总结论点、论据，甚至尝试反驳作者的观点，这样的练习能够极大地锻炼我们的批判性思维。同时，阅读还能帮助我们积累丰富的知识和信息，为逻辑思维提供丰富的素材和依据。

要点五：注重知识整合。

知识整合是将所学知识系统化和结构化的过程，也是提升逻辑思维能力的重要一环。通过梳理和整合所学知识，我们能够构建起完整的知识体系，使思维更加条理化和逻辑化。在整合知识的过程中，不妨尝试将不同领域的知识进行交叉融合，探索它们之间的内在联系和共通之处，这将有助于我们形成更加全面和深入的思考。

要点六：把理论应用于实践。

面对实践中的问题，我们应运用逻辑思维进行分析和推理，识别问题的核心，并提出切实可行的解决方案。同时，不断总结经验教训，优化思考方式和策略，以便在面对复杂问题时能够更加冷静地找到解决之道。

总而言之，提升逻辑思维能力是一个多维度的过程，需要我们从多个角度出发，不断学习、实践、反思与调整。逻辑思维是成功者的修炼之基，它不仅能够提升个人的思维品质和决策能力，还能够促进知识的整合与创新，提高沟通效率。在快速变化的现代社会中，掌握逻辑思维对于个人成长和职业发展至关重要。只有不断追求严谨、系统、理性的思考方式，我们才能在复杂多变的世界中保持清醒和智慧。

第二节　系统思维：整体把握与关联分析

在当今这个复杂多变的世界里，无论是企业的战略决策，还是个人的生活规划，都要求我们具备一种超越局部、洞察全局的能力——系统思维。它宛如一张精细的地图，帮助我们在繁杂的信息海洋中找到方向，理解事物间的内在联系，从而作出更为精准的判断与行动。系统思维强调整体把握与关联分析，它不仅是成功者的思维方式，更是每个人在面对未来挑战时不可或缺的认知工具。

20世纪初，中国的桥梁建设尚处于萌芽阶段。中国工程院院士、著名桥梁专家茅以升主持设计了钱塘江大桥。这项工程不仅技术难度巨大，还需克服材料短缺、战乱频繁等重重障碍。茅以升运用系统思维，从宏观角度出发，不仅精确计算了桥梁结构的每一个细节，还统筹考虑了施工过程中的物流、人力资源调配及安全因素，确保了大桥的顺利完工。

一、成功者的洞察智慧：从全局到细节

茅以升的成就，生动展示了系统思维在实际应用中的力量。他之所以能在桥梁建设领域脱颖而出，关键在于其卓越的系统思维能力。他拥有“鸟瞰式”的视角，能够迅速把握项目的整体框架和目标，明确各个部分之间的逻辑关系。在钱塘江大桥项目中，他能够超越单一的技术视角，将工程视为一个包含多个子系统的大系统，通过系统性的把握和关联性分析，实现了技术与管理的完美融合。正是凭借对系统整体的深刻洞察，茅以升才能逐一解决难题，最终铸就了中国桥梁史上的辉煌篇章。

成功者之所以卓越，还在于他们能在宏观视野中深入细节，进行精准的分析与调整。茅以升在设计过程中，对每个构件的受力情况都进行了详尽的计算，并亲自到现场监督施工，确保每一个细节都符合设计规范。这种从宏

观到微观的转换，正是系统思维的核心所在，它要求我们在保持全局观的同时，也要具备深入细节的能力，以实现对系统的全面理解和优化。

系统思维是成功者应对复杂问题、制定精准决策、推动创新发展的重要思维工具。它要求思考者从整体出发，把握事物的内在联系与外在影响，以全局的眼光审视问题。具备系统思维的成功者往往具备以下几个关键特质，这些特质共同构筑了他们独特的思维框架，使他们在各自领域都能取得非凡的成就。

首先，全局观念是系统思维的核心。成功者通常能够从宏观角度出发，将问题置于更广阔的背景中审视，避免被局部细节迷惑。这种观念赋予他们超越眼前困境的能力，洞察问题的全貌，进而制订出更为全面和长远的解决方案。全局观念使他们在应对复杂问题时，保持清晰的思路，不被纷繁的信息干扰。

其次，预见性是系统思维的显著特点。成功者往往具备敏锐的洞察力，能够预测未来的动向和潜在风险，以便提前制定应对措施。这种预见性不仅源自他们对当前形势的深刻洞察，还源自他们对历史规律的掌握和对未来趋势的敏感把握。正是这种对未来趋势的洞察，才能在竞争中占据先机。

再次，关联性是系统思维的又一关键特性。成功者往往善于发现事物之间的内在联系和相互影响，能够从多个维度综合分析问题。他们深知，没有任何事物是孤立存在的，这些事物之间都存在着复杂且相互关联的联系。因此，在思考问题时，他们总是将这些联系考虑在内，从而得出更为精确和全面的结论。

最后，灵活性是系统思维的关键要素。面对复杂多变的状况，成功者会迅速调整策略，找到最合适的解决方法。他们不会固守成规，而是会根据实际情况灵活应变，这种灵活性使他们在面对未知和变化时能够保持镇静和从容。

这些特质相互交织、相互促进，共同构成了一套成熟的系统思维框架。正是凭借这样的思维框架，成功者在各个领域都能够展现出非凡的能力和成就。

二、进阶之路：如何培养系统思维

培养这种成熟的系统思维，关键在于日常的积累与实践。这是一个逐步推进的过程，需要我们在日常生活中不断实践、反思和优化。以下是一些有效的方法，能帮助我们逐步建立起系统思维的习惯和能力。

1. 学会深入思考与提问

特别是那些能够引导我们深入思考“为什么”和“怎么样”的问题。例如，在解决一个工作问题时，不妨先问自己：“这个问题的本质是什么？它与其他问题有何关联？”这样的提问方式，能够促使我们跳出问题本身，从更广阔的视角去寻找答案。

2. 培养跨学科学习的习惯

系统思维强调对多领域知识的整合与应用，因此，广泛涉猎不同领域的知识，可以帮助我们建立更加丰富的知识网络，从而更容易发现事物间的内在联系。可以通过阅读、听讲座、在线课程等多种途径，不断拓展自己的知识边界。

3. 在实践中不断调整与优化

将系统思维应用于日常工作和生活中，尝试将遇到的问题视为一个系统，分析其组成部分、相互关系以及外部环境的影响。然后，通过模拟、实验或实际操作，发现其中的不足，并不断调整和优化解决方案，直到达到最佳效果。

4. 刻意练习系统分析方法

在面对问题时，我们应该有意识地运用系统模型、流程图等工具，对问题进行结构化分析。这要求我们明确问题的边界、识别出问题的各个组成部分以及它们之间的相互关系。在持续的实践中，我们就能逐渐学会并掌握系统分析的方法和技巧。

5. 保持持续学习精神

系统思维是一个动态发展的过程，科技进步与社会环境变化推动了众多新理论与方法的不断涌现。只有保持对新知识的渴望，勇于接受挑战，才能在不断变化的世界中，保持思维的敏锐和灵活性。

通过以上方法的持续实践，我们可以逐步培养出系统思维的习惯和能力，为成功奠定坚实的基础。

系统思维作为一种高级的认知模式，不仅能够帮助我们在复杂的环境中作出明智的决策，更是个人成长与发展的重要驱动力。在未来的工作和生活中，我们应以系统思维为指引，不断拓宽自己的视野和思维边界，用更深远的视角去审视问题、作出决策、促进创新。相信在不久的将来，我们都能够成功，在各自的领域创造出更加辉煌的成就。

第三节　批判性思维：独立思考与真伪辨析

在信息泛滥的今天，我们每天都被海量的数据、观点与信息包围。如何从这浩瀚的信息海洋中筛选出真实且有价值的内容，并避免受到虚假信息的误导，成了每个人都必须面对的挑战与难题。批判性思维，即独立判断与辨别真伪的能力，它不仅能帮助我们洞察事物的本质，还能提升我们的决策质量和创新能力。

在封建礼教盛行、思想禁锢严重的年代，文学巨匠鲁迅并未盲目追随主流观点，而是选择了一条独立思考的道路。他借助锐利的文笔和深刻的洞察力，对封建文化进行了无情的批判。在《狂人日记》中，他以一个“狂人”的视角，揭示了封建礼教“吃人”般的残酷真相，唤醒了众多深陷愚昧与麻木之中的人。

鲁迅先生的批判思维不仅体现在他对旧文化的深刻揭露上，更体现在他对新思想的积极接纳和传播上。他勇于接受新思想，敢于质疑传统观念，这种独立思考、勇于探索的精神，在当时的社会引起了巨大的反响，并为后世树立了榜样。

一、批判性思维：穿透迷雾的“利剑”

批判性思维，顾名思义，是一种对事物进行深入分析和评价的思维方式。它要求我们在面对信息时，不盲从、不迷信，而是运用理性思维去辨析真伪、评估价值。

鲁迅先生的批判性思维深刻而犀利，他敢于直面社会的黑暗与不公，用锋利的笔触剖析封建礼教的腐朽与残酷。他不仅批判旧文化的糟粕，更积极倡导新思想、新文化。鲁迅先生的批判并非简单地否定，而是建立在深刻理解和独立思考的基础上，他善于从多个角度审视问题，揭示事物的本质。这种批判性思维不仅推动了新文化运动的发展，也启发了无数后来者，成为我们面对复杂社会问题时的重要思考工具。

批判性思维的重要性不言而喻，它能帮助我们在繁杂的信息中保持清醒，作出理智的判断和选择。

首先，批判性思维能帮助我们认清事物的本质。在信息化时代，各种观点与信息如潮水般涌来，其中不乏精心包装、混淆视听的内容。而批判性思维就像一把锋利的刀，能够穿透这些迷雾和伪装，让我们直抵事物的核心，看到其真实面貌。

其次，批判性思维能提升我们的决策质量。在作出任何决策之前，我们都需要对相关信息进行详尽且深入的分析评估。批判性思维能够帮助我们跳出固有的思维框架，从多个角度审视问题，综合考虑各种因素，从而更准确地评估不同方案的风险和收益。这样一来，我们的决策就会更加明智、更加稳健。

最后，批判性思维还能激发我们的创新能力。在批判和质疑的过程中，我们不断挑战现有的观念和做法，寻找其中的不足和缺陷。这种挑战和反思往往能够激发我们的灵感和创造力，让我们发现新的视角和思路，进而推动社会的发展与进步。

二、掌握方法，养成批判性思维的习惯

批判性思维是一种珍贵的思维技能，它有助于我们洞察事物的真相、提高决策的品质，并促进创新思维的发展。以下是一些行之有效的方法，它们能够帮助我们逐步养成批判性思维的习惯和提升这种能力。

1. 培养提问与反思的习惯

在面对信息、观点或论据时，我们应保持一种质疑的心态，深入挖掘问题，探究其内在的逻辑和因果关系。同时，对自己的思考过程进行反思，检查是否存在偏见、漏洞或错误，并不断地优化我们的思考方式。例如，在遇到一条新闻时，要核实其来源，分析事实，评估观点的客观性和公正性。只有这样，我们才能作出公正的判断，避免被不实信息欺骗。

2. 重视证据和逻辑性

在评价一个观点或信息时，我们需要关注其是否有充分的证据支持，以及这些证据是否逻辑严密。观点需要证据来支撑，而逻辑则是连接证据与观点的桥梁。保持警觉，分析证据的真实性和可靠性，以及论证过程的逻辑性和合理性，才能作出公正的评价，避免被不实信息误导。

3. 保持好奇心与求知欲

好奇心驱使我们探索未知的领域，求知欲则推动我们不断学习新知识。在信息化时代，我们要保持好奇心和求知欲，紧跟时代步伐，拓宽知识领域和思维边界。同时，好奇心和求知欲能够激发创造力，使我们在批判和质疑中发现新视角和思路，从而推动创新和进步。

4. 勤加练习和实践

批判性思维是一种能力，它需要通过持续不断的练习和实践来提升。我们可以从日常生活中的小事做起，如分析新闻报道、参与讨论和辩论等，以此来锻炼我们的批判性思维，提升口头表达和写作能力。阅读经典批判性思维的书籍和文章，学习理论知识和方法论，并将其与实际情况相结合进行应用和实践。相信通过不懈的练习和实践，我们能够逐步提升批判性思维能力。

总之，培养批判性思维需要我们付出持续的努力和实践。通过上述方法，相信我们可以逐步培养出批判性思维的习惯和能力，为成功奠定坚实的基础。在这个信息化时代，我们若能善于利用批判性思维这把“利剑”，便能穿透迷雾、辨清真伪，迎接更加美好的未来。

第四节　迭代思维：超越常规探索新突破

在快速变化的现代社会中，迭代思维已成为推动个人与组织不断前进的重要动力。它鼓励我们在实践中不断探索、试错与改进，从而超越常规，实现新的突破。本节将深入探讨迭代思维的内涵及重要性，揭示迭代思维在推动个人成长和社会发展中的巨大潜力。

一、迭代思维：推动个人与组织持续进化的关键

迭代思维，简而言之，就是基于现有基础，不断循环改进并寻求创新的思考方式。它强调在解决问题的过程中，通过反复尝试、总结经验教训，不断优化和完善解决方案，最终实现质的飞跃。

迭代思维有两个核心要素：反复和更新。反复，意味着任何事情都不能追求一步到位，而是需要经过多次的尝试与调整。更新，则是指在反复的过程中，不断引入新的元素、新的方法，使原有的解决方案得到升级和完善。

许多企业创始人的成功并非一蹴而就，而是在多次创业失败中不断迭代、优化的结果。每次失败后，他们往往能够深入分析原因，总结经验教训，并在此基础上调整创业方向和优化产品策略。这种不断试错、持续改进的迭代思维，不仅帮助他们避免了重蹈覆辙，更让他们在创业道路上越走越远，最终取得了辉煌的成就。

在日新月异的时代，迭代思维不仅能助力个人与组织在复杂环境中保持敏锐的观察力和快速适应的能力，更能够在实践中不断探索新的可能性，实现自我超越和持续发展。

首先，迭代思维能够帮助我们应对复杂多变的环境。在这个日新月异的时代，社会环境和技术发展都在快速变化，新的问题和挑战层出不穷。只有具备迭代思维，我们才能保持敏锐的洞察力和高度的适应性，不断根据环境

的变化调整策略，找到解决问题的新途径。这种能力不仅能够帮助我们在职场中立于不败之地，更能够在个人成长和创业道路上为我们提供强大的支持。

其次，迭代思维能够显著提升我们的创新能力。通过不断尝试新的方法、新的思路，我们能够打破传统的思维框架，挑战现有的规则和限制，从而发现新的可能性和机会。这种勇于探索、敢于突破的精神是推动个人与组织持续进步的精神动力。在迭代思维的指引下，我们能够不断推陈出新，提供出更具竞争力的产品和服务，引领行业的发展潮流。

最后，迭代思维还能够增强我们的自信心和韧性。在迭代的过程中，我们可能会遇到失败和挫折，但正是这些经历让我们学会了如何面对困难、如何坚持不懈。通过不断的尝试和改进，我们能够逐渐积累成功的经验，提升自己的能力水平，从而更加自信地迎接未来的挑战。

迭代思维的重要性不仅体现在个人成长上，更在组织发展中发挥着关键作用。面对迅速变化的市场环境，组织须具备高度的灵活应变力，以迅速响应挑战与机遇。通过不断试错、快速迭代，组织能够迅速调整战略方向和产品策略，保持市场竞争力和创新活力。

二、成功者之路：如何培养迭代思维

培养迭代思维并非一蹴而就，它要求我们在日常生活中不断实践、反思，并从中积累经验。以下是一些实用的建议，能够帮助我们逐步建立起迭代思维的习惯。

1. 勇于尝试新事物

迭代思维的核心在于不断探索与尝试。因此，我们应主动投身于多样的实践活动中，勇于探索新方法和新思路。在尝试过程中，可能会遇到失败和挫折，但正是这些经历让我们更加深入地理解问题和挑战的本质，为后续的迭代和优化提供宝贵的经验。

2. 学会从失败中学习

在迭代过程中，我们难免会遭遇失败与挫折。然而，失败并不意味着终结，而是我们学习和成长的机会。我们应学会从失败中吸取教训，探究失败根源，并据此改进策略与方法。通过不断的尝试和修正，我们能够逐渐接近成功的目标。

3. 建立反馈机制

迭代思维强调根据反馈建议进行持续改进与优化。通过建立有效的反馈体系，能够快速收集与知悉各方反馈。这些反馈可以是来自用户的、同事的、上级的，也可以是来自市场的、技术的等。通过综合考虑这些反馈意见，我们能够更加准确地找到问题的症结所在，并据此进行有针对性的改进。

4. 培养耐心与毅力

迭代思维需要我们持之以恒地追求进步和完善。在尝试与摸索的道路上，遇到挫折与难关是在所难免的。但正是这些挑战，可以锻炼我们的耐心与毅力。因此，我们要坚持不懈，勇敢面对，以跨越障碍，取得令人满意的成果。

5. 不断反思和总结经验教训

我们应该在每次尝试后及时回顾和反思自己的过程和结果，分析成功和失败的原因，总结经验教训。通过持续反思和总结，我们能够逐渐提升自己的认知水平和思维能力，为后续的迭代和优化奠定坚实的基础。

迭代思维作为成功者的修炼之基，不仅推动了科技创新、个人成长、企业管理和社会服务等多个领域的持续发展，也为我们提供了应对复杂多变环境的有效工具。通过不断尝试、总结经验教训并不断优化解决方案，我们能够逐步提升自己的思维能力和创新能力，实现个人和组织的持续进步和发展。

在未来的道路上，我们要继续秉持迭代思维的精神，勇于探索未知、超越常规，不断追求新的突破和成就，以开放的心态面对变化，用创新的行动引领未来，为实现更高的目标而不懈努力。

第五节　自我反思：持续改进与自我提升

在个人的成长之路上，自我反思犹如一面明镜，映射出我们的长处与短板，指引我们不断向前迈进。它不仅是成功者修炼思维基石的重要环节，更是实现持续改进与自我提升的关键途径。它不仅能够帮助我们认识自我，更能引导我们持续改进与自我提升，向着更高的层次迈进。

一、自我反思的内涵与价值

自我反思，这一深刻而充满力量的过程，是个人内在成长不可或缺的环节。它涉及个体对自身的思维、行为、情感以及价值观等内在世界进行全面审视和深入评估。

自我反思并非简单的自我批评或自我陶醉，而是一种以客观、公正的态度，对自身过去与现在的行为、思考方式、情感反应以及所秉持的价值观进行深度剖析的过程。通过这一过程，我们得以洞察自身的优点与不足，挖掘潜在的能力与潜力，从而明确未来的发展方向，为持续地自我提升和成长奠定坚实的基础。

许多企业创始人通过不断自我反思，实现了个人与企业的双重成长。在创业初期，面对市场的不确定性，他们反思自己的产品策略，及时调整方向，使企业迅速崛起。随着企业规模的扩大，他们进一步反思企业文化和管理模式，推动企业向更加开放、包容和创新的方向发展。因为他们深知，只有不断反思，才能保持敏锐的市场洞察力，引领企业持续前行。

自我反思是一种内省的艺术。它要求我们在繁忙的生活节奏中，抽出时间静下心来，以一种平和而理性的心态，回顾自己的言行举止。这既是对外在表现的反思，也是对内心深处的探索与领悟。通过自我反思，我们能够更加深入地了解自己的思维模式，理解自己为何会作出某些决定，以及这些决定背后的情感驱动因素。同时，它还能帮助我们审视自己的价值观，明确自己真正珍视和追求的是什么，从而在纷繁复杂的世界中保持一份清醒与坚定。

自我反思是认知自我的镜子。自我反思，就像一面镜子，能够真实地映照出我们的内心世界。通过自我反思，我们能够明确自身优缺点，掌握自身的情绪与行为模式，从而更好地应对各种挑战。

自我反思是激发潜能的钥匙。自我反思不仅能够帮助我们认知自我，更能激发我们的潜能。在反思的过程中，我们可能会发现一些之前未曾注意的优点和特长，这些优点和特长或许正是我们成功的关键所在。同时，反思也能够让我们意识到自己的局限性和不足，从而促使我们更加努力地学习和成长，以突破自我限制，实现更高的成就。

自我反思是促进个人成长的催化剂。自我反思是推动个人进步的关键因素。通过反思，我们能够总结经验教训，明确自己的成长方向和目标，从而制订出更加科学合理的成长计划。同时，反思也能够让我们保持谦逊和开放，乐于接纳新知，从而适应不断变迁的环境与需求。这种持续的学习和成长，将使我们的人生更加丰富多彩，充满无限可能。

总之，自我反思对自我内在提升意义重大。在未来的生活和工作中，我们应始终保持一颗反思的心，不断审视自己，发现不足并寻求改进之道。通过自我反思的实践，我们就能在成长的道路上越走越远，成为更加优秀和成熟的成功者。

二、自我反思的实践方法

自我反思并非空谈，而是需要付诸行动。通过一系列切实可行的反思方法，我们可以将自我反思转化为提升自我、优化行为的实际行动。以下详细阐述了经过实践检验、富有成效的六种自我反思方法。

方法一：日记记录法。

我们可以每日记录自己的所思所感，无论是成功的欢乐、失败的苦涩，还是当下的感悟、未来的规划，都可以记录到日记中。通过定期回顾这些记录，我们能够清晰地看到自己的成长轨迹，发现自身在思考、行为以及情感上的变化。更重要的是，日记中的反思能够引导我们发现潜在的问题与改进方向，从而在未来更加有针对性地提升自我。

方法二：目标对比法。

确立清晰的目标和计划是自我反思的重要前提。在执行过程中，持续追踪自己的进展，并与既定目标进行比较至关重要。通过这种对比，我们可以明确地识别出实际成果与目标之间的差异，并据此分析导致这些差异的原因。这种分析不仅有助于我们发现存在的问题，还能激发我们调整策略、优化行动的动力。目标对比法确保我们在追求目标的道路上，始终保持清晰的自我认识，从而更高效地实现自我提升。

方法三：他人反馈法。

在工作或生活中，我们往往难以全面了解自己的表现，而他人的反馈则如同一面镜子，能够帮助我们更全面地认识自己。因此，我们应主动向同事、朋友或家人寻求反馈，了解他们眼中的自己。在听取反馈时，我们应持开放的态度，虚心倾听并征询他人的意见。这些反馈往往能够为我们提供新的视角和启发，成为我们自我提升的重要推动力。

方法四：冥想与放松。

冥想与放松练习是深入自我反思的有效途径。通过冥想，我们能够让心灵回归平静，摆脱日常纷扰，更加深入地了解自己。在冥想过程中，我们可以关注自己的呼吸、思绪以及身体的感受，从而发现潜在的问题和需求。这种深度的自我探索有助于我们提高自我意识，培养更加平和、理性的心态。

方法五：角色扮演法。

通过在不同的情境中扮演各种角色，如领导者或团队成员，我们能够更加直观地了解自己在不同角色下的表现与不足。这种角色扮演不仅有助于我们识别自身的局限性，还能激励我们尝试新的行为方式和思维模式，进而有针对性地进行自我提升。

方法六：定期自我评估。

我们应当设定固定的时间节点，如每月、每季度或每年，进行一次全面的自我评估。评估内容应涵盖工作绩效、人际交往、个人发展等多个方面。这一过程使我们能够全面且客观地分析当前状况，识别存在的问题和短板。

更为重要的是，评估结果能够为我们提供改进的方向和动力，使我们能够更有针对性地制订改进计划，并付诸行动。

自我反思是新手走向成功所必需的思维基石。它要求我们持续审视自己，发现不足并寻求改进的途径。通过实践自我反思的方法，我们能更清晰地认识自我，增强自我意识，促进个人成长，并提高适应能力。在未来的发展道路上，我们应保持谦逊，勇于面对自身的不足，并不断追求自我提升与成长。

第二章

洞察秋毫：成功者的决策智慧

在错综复杂的环境中，每一次决策都宛如在浩瀚海洋中航行时的一次舵手调整，至关重要。本章将深入探讨那些成功者如何在关键时刻作出精准而高效的决策。他们凭借敏锐的直觉、深厚的行业洞察以及对信息的精准把握，在关键时刻抽丝剥茧，赢得胜利。通过揭示他们决策背后的逻辑与智慧，为我们指引前行的方向。

第一节　信息收集：构建深入的决策基石

在信息如潮水般涌来的今天，每一个决策都如同在迷雾中寻找方向。成功者之所以能在复杂多变的环境中作出精准判断，往往得益于他们对信息的深度收集与精准解读。信息收集，不仅是决策前的必要准备，更是构建深入决策基石的关键步骤。它如同侦探手中的放大镜，帮助成功者洞察秋毫，捕捉那些决定成败的微妙线索。

一、信息收集的作用与价值

在这个信息化时代，只有不断收集和分析信息，方能精准把握市场动态，作出理性的选择，进而在激烈的市场角逐中维持优势地位。

信息收集是决策流程的首要环节。它不仅能够帮助决策者全面了解市场环境、竞争态势、用户需求等多维度信息，还能够助力决策者获取可靠的依据，以作出更为稳妥的决策，降低风险。

首先，信息收集有助于决策者精准洞察市场动态。在瞬息万变的市场中，迅速获取最新市场信息是制定适应市场变化的决策的关键。通过收集行业报告、市场趋势分析、竞争对手动态等信息，决策者可以清晰地了解市场的现状与发展趋势，从而制订出符合市场需求的战略计划。

其次，信息收集对于决策者来说，是精准洞察用户需求的关键。用户构成了市场的基础，深入理解他们的需求和痛点对于开发出满足这些需求的产品或服务至关重要。通过收集用户反馈、分析用户行为数据等信息，决策者能更精确地捕捉用户需求，进而优化产品服务，增强用户体验。

最后，信息收集有助于决策者精准识别决策风险。决策总是伴随着风险，而信息收集可以帮助决策者更加全面地了解决策可能带来的各种影响，包括积极影响与消极影响。通过对这些信息进行深入分析，决策者能够更加精准地识别决策中的潜在风险，从而作出更为科学合理的决策。

总之，信息收集不仅是决策者全面、准确获取市场、消费者及竞争对手动态的关键手段，更是决策者基于事实、理性分析，作出明智、前瞻决策的重要保障和基石。

二、精准进行信息收集的方法

在信息收集的过程中，如何做到精准和全面，是构建决策智慧基石的关键。这要求决策者不仅要注意直接相关的信息，还应深入探索间接的、潜在的影响因素。通过广泛且深入的信息收集，覆盖多个维度和层次，决策者能更全面地了解市场动态、消费者需求及对手策略，进而作出更为理智的决策。

1. 多种渠道收集信息

决策者应该通过多种渠道收集信息，包括行业报告、市场研究、竞争对手动态、用户反馈等，这是保障信息全面覆盖的重要环节。同时，还可以利用社交媒体、专业论坛等线上平台，获取更多元化的信息。

2. 深度挖掘信息

信息收集的核心不仅在于数据收集，更在于对数据的深入剖析与解读。决策者应该学会运用数据分析工具与方法，对收集到的信息进行整理、分类、归纳与总结，从而提炼出有价值的信息点。

3. 建立信息库

为了提高信息管理的效率，决策者应当着手构建信息库。这一策略旨在对收集到的各类信息进行分类存储和定期更新。通过构建系统化的信息库，决策者能够轻松实现信息的快速检索与调用，显著提高工作效率。构建信息库还可以避免信息重复收集，节约资源，同时确保信息的时效与准确性。

4. 培养信息敏感度

在信息化时代，决策者需要具备高度的信息敏感度，能够敏锐地捕捉到市场中的微妙变化与潜在机会。这要求决策者不仅要关注行业动态与竞争对手，还要关注用户行为、社会热点等多方面的信息。

5. 利用信息技术

信息技术不断进步，其应用范围正迅速扩大，在信息收集与分析领域也展现出广阔的应用前景。决策者应积极拥抱大数据、人工智能等前沿技术，借助这些先进技术工具，能够大幅提高信息收集的效率与准确性，为科学决策提供坚实的技术支持。通过信息技术的赋能，决策者将拥有更敏锐的洞察力，更好地把握市场动态，为企业发展注入源源不断的活力。

通过信息收集，决策者得以在纷繁复杂的市场环境中找到清晰的路径。它不仅是构建深入决策基石的必需步骤，更是开启智慧决策之门的钥匙。凭借精确且全面的信息收集，决策者能预见市场走向，把握消费者需求，了解竞争对手策略，从而在决策上取得先机。在未来的发展中，信息收集将继续发挥其不可替代的作用，助力决策者作出更加明智、前瞻的选择。因此，我们应该不断加强对信息收集的重视与应用，以更加智慧的方式应对未来的挑战与机遇。

第二节　深入分析：理性决策的思维方式

通过理性决策，我们能在错综复杂的信息海洋中，展开深入分析，进而找到最佳的解决方案。这种决策方式不仅需要强大的信息收集和处理能力，更需要对问题的深刻洞察和全面理解。在成功者的决策智慧中，理性决策是不可或缺的一环，它赋予决策者在关键时刻迅速洞察问题本质的能力，从而作出正确的选择。

在20世纪50年代，面对中国航天事业的初创困境，被誉为“中国航天之父”的钱学森并未被困难和挑战吓退，而是在深入分析的基础上作出了理性的决策。他首先明确了中国航天事业的目标，即发展自己的导弹和火箭技术，以保卫国家安全。接着，他深入分析了国内外航天技术的现状和发展趋势，确定了中国航天事业应遵循的技术路径和发展战略。在此过程中，他全面评估了潜在的风险与挑战，并制定了周密的应对策略。

钱学森在中国航天事业中起到了领航作用，取得了卓越的成就。他不仅成功研发了多种导弹与火箭技术，还为中国航天事业的长期稳定发展奠定了坚实的基础。

一、深入分析是理性决策的基石

钱学森的案例再次强调了在复杂情境下理性决策的重要性。通过深入的分析和冷静的思考，他成功识别了中国航天事业发展的关键，并制订了切实可行的战略与计划。这种决策方式不仅使他在面对挑战时保持了冷静和清晰的判断，还为中国航天事业的持续发展注入了活力。

理性决策融合了系统理论、运筹分析及计算机科学等多个学科的知识，形成了一套关于决策制定、评估标准和方法的理论体系。它要求决策者在选择时，全面审视所有可能的行动方案及其潜在后果，并依据个人的价值观，挑选出最具价值的方案。

深入分析构成了理性决策的基础。它要求我们在决策过程中，不仅要观察问题的表象，更要深入挖掘其根本原因和本质。只有这样，我们才能制定出符合实际情况的决策，避免被表面现象迷惑。

首先，深入分析能够帮助我们更深刻地理解问题的核心。在决策过程中，我们经常面临错综复杂的情况和多重因素。只有通过深入剖析这些因素，我们才能揭开问题的实质和内在规律，进而作出明智的选择。

其次，深入分析有助于我们避免决策失误。在决策时，如果仅仅关注表象而忽略问题的本质及其深层次原因，就可能造成决策上的错误。而深入的分析能够揭示潜在的风险和问题，使我们能够预先采取措施进行预防和应对。

最后，深入分析还有助于我们提高决策的科学性。通过深入分析，借助各种科学方法和工具，我们可以评估并优化决策方案，提升决策的效果与效率，减少决策的风险与成本，使决策更加科学与明智。

因此，深入分析在理性决策中扮演着至关重要的角色。它不仅是决策过程中一个不可或缺的环节，如同基石般支撑着整个决策体系的稳固，更是衡量决策质量高低的重要标尺，为制定出科学、合理的决策提供了坚实有力的保障。

二、理性决策的步骤与实施

理性决策并非一蹴而就的灵感闪现，而是基于一系列严谨、系统的步骤和方法。遵循这些步骤，能够帮助我们深入洞察问题的本质，并作出最佳的选择。这不仅能够提升决策的质量，还能够增强我们进行决策时的信心，让我们在面临重大抉择时更加从容不迫。

步骤一：识别问题是理性决策的第一步。

我们需要明确问题的本质和关键要素，分析理想与现实之间的差距，并确定决策的目标和约束条件。这一步要求我们拥有敏锐的观察和分析技巧，以便快速识别问题的核心要点，为理性决策打下坚实基础。

步骤二：明确与决策相关的要素，并对其进行分类和评估。

我们需要识别哪些因素是影响决策的关键因素，哪些是可以观察和测量的，哪些需要通过主观判断来确定。这一步骤要求我们拥有广泛的知识储备和丰富的实践经验，以便对相关因素进行准确评估。

步骤三：分配权重，确定各因素的优先级。

通过评估各因素的重要性，我们可以合理地将资源分配至关键环节，确保决策的正确性。这一步骤要求我们具备清晰的逻辑思维和判断能力，以便准确把握问题的本质和关键要素。

步骤四：拟订可行的解决方案，并进行评估和分析。

我们需要列出所有可能的解决方案，分析它们的可行性和潜在风险，并从中选择最优方案。这一步骤要求我们具备创新精神和批判性思维，能够提出新颖的解决方案，并对方案进行全面的评估。

步骤五：选择最优方案，并付诸实施。

在作出选择时，我们需要综合考虑方案的可行性、风险和预期收益等因素，确保选择是最优的。同时，我们还需制订详尽的执行方案，明确负责人和时间表，保证决策得以有效执行。

总之，通过深入分析、明确问题、确定因素、分配权重、拟订方案、选择实施等一系列步骤，我们可以作出更加理性与科学的决策。在未来的生活和工作中，我们应该积极学习和运用理性决策的方法，不断提升个人的决策能力，为个人和组织的发展注入源源不断的活力。

第三节　风险评估：预见并应对潜在风险

风险是决策过程中无法避免的一部分，但只有通过深入的风险评估，才能预见潜在的风险，进而将风险降到最低，确保决策能够成功实施。本节将深入探讨风险评估在决策中的重要性，并揭示如何在决策中预见并应对潜在风险。

屠呦呦，这位被誉为第一位获得诺贝尔生理学或医学奖的中国本土科学家，在青蒿素的研究过程中，展现出了卓越的风险评估能力。在20世纪70年代初，面对全球疟疾疫情的肆虐，屠呦呦受命于国家，承担起寻找抗疟新药的重任。在研究初期，她深知新药研发的风险巨大，不仅要面对科学上的未知，还要承受时间和资金的压力。然而，屠呦呦并没有因此退缩，而是选择了深入的风险评估。

她带领团队，对古籍中的药方进行了系统梳理，并结合现代医学知识，筛选出了上百种可能具有抗疟活性的中药。在此基础上，她进一步通过动物实验和临床试验，对候选药物进行了严格的评估，最终成功发现了青蒿素这一抗疟新药。

一、风险评估是决策流程中的关键环节

风险评估涉及在决策过程中识别、分析并评估可能遭遇的潜在风险。其目的在于利用科学的方法和工具对风险进行量化处理，使决策者能够更直观地把握风险的规模和发生的概率，进而作出更为明智的选择。

以屠呦呦为例，屠呦呦的决策智慧在于，她能够在风险与机遇之间找到平衡点，通过深入的风险评估，保障了疟疾防控研究的顺畅推进。在青蒿素的研发过程中，她面临了技术、市场和法律等多方面的风险。然而，凭借坚定的信念、科学的方法和团队的协作精神，她成功地克服了这些挑战，为全

球的疟疾防治事业作出了巨大贡献。

风险评估是决策流程中的关键环节。在面临复杂多变的环境和不确定因素时，科学的风险评估能够为决策者提供有力的支持和依据，帮助决策者预见潜在的风险，提前做好应对准备，从而降低决策失败的可能性。

首先，风险评估能帮助我们发现可能存在的风险。通过对可能面临的各种风险进行详尽梳理和分析，决策者可以清晰地掌握这些风险的发生概率及其影响程度，进而有针对性地规划应对策略和措施。这不仅能有效减少风险发生的概率，还能确保在风险出现时迅速采取行动，有效减少潜在的损失。

其次，风险评估为科学决策提供了重要参考。在决策过程中，决策者需要考虑市场需求、技术可行性、成本效益等多重因素。风险评估从风险的角度出发，为决策者提供额外的信息，帮助他们更全面地比较不同方案，从而提高决策的科学性和精确性。

最后，风险评估对于增强组织的风险应对能力至关重要。通过持续监测和评估潜在风险，组织能够迅速识别并应对新的挑战与机遇，从而加强其市场竞争力和适应性。这对于组织的长期发展具有重要战略意义。

总之，风险评估不仅能够为决策者提供全面的风险信息和参考依据，还能够强化组织的风险管理能力，确保组织的稳定发展。因此，在决策过程中，我们需注重风险评估，以保证科学决策。

二、风险评估实践策略

尽管风险评估在决策过程中扮演着至关重要的角色，但在实际操作中，我们面临着诸多挑战。例如，信息的准确性和完整性对于确保风险评估的精确性至关重要。然而，信息的不对称性和不确定性常常使得获取全面且精确的信息变得异常艰难。此外，风险评估还受到决策者风险偏好和认知能力的制约。这导致不同的决策者可能对同一风险有不同的理解和评估，进而使得风险评估的结果产生差异。为了应对这些挑战，我们必须采取适当的措施，为决策过程提供更加坚实可靠的支持。

1. 构建完善的风险评估体系

为了实现高效的风险评估，必须建立一个全面的风险评估体系，包括明确的目标、科学的方法与工具、专业的团队以及标准化的流程。这样的体系能够确保评估结果的准确性和有效性，为决策提供更加坚实、可靠的支持。

2. 加强信息的收集和分析能力

信息的收集和分析能力构成了风险评估的根基。为了确保风险评估得到全面且精确的信息支持，我们必须增强这些能力。这涉及扩展信息来源、提高信息筛选与整理的效率，以及运用先进的数据分析工具和技术。这些措施的实施将提高信息的精确度和完整性，为风险评估提供更为坚实的数据支撑。

3. 增强决策者的风险意识

这要求决策者不断学习风险管理知识，深入理解各种风险的种类及其潜在影响。通过参与模拟训练和案例研究，决策者可以更深刻地理解风险的实际影响。同时，培养批判性思维，从多个角度审视问题，准确评估风险与机遇。决策者还应不断学习市场动态和技术趋势，以提高预见性和应变能力，确保决策更加稳健、明智。

4. 制定灵活的风险应对策略

通过风险评估，我们可以及时制定有效的应对策略以降低风险的影响。因此，在制定风险应对策略时，必须依据风险评估的结果和决策者的风险偏好来制定灵活的策略。例如，可以灵活地采取风险规避、风险降低、风险转移或风险接受等策略。这样，在风险发生时，我们能够迅速应对，减少其对决策的负面影响。

5. 持续监控和更新风险评估结果

风险评估是一个持续的过程，需要不断监控并更新结果以确保其准确、有效。这包括定期收集和分析新信息以更新风险评估结果，以及持续评估和调整风险应对策略。通过这些措施，我们能够及时发现并解决新出现的风险，确保决策的安全性和稳定性。

通过深入的风险评估，我们能够预见并及时处理潜在风险，保证决策顺利实施。在面对风险时，我们需要保持冷静与理性，运用科学手段与工具评估风险，并制定相应的应对策略来降低风险的影响。同时，我们也应该积极学习和运用风险评估的方法和技术，不断提升自己的决策能力和风险应对能力。

第四节　直觉运用：结合理性的感性决策

在纷繁复杂的商业世界中，成功者总能凭借敏锐的直觉，在关键时刻作出精准决策。然而，直觉并非凭空而来，它是经验与理性的精妙融合，是感性思维与逻辑判断的深度交织。本节将探讨成功者如何运用直觉，在复杂多变的环境中捕捉机遇，规避风险，实现科学决策，同时揭秘我们如何将直觉与理性结合进行决策。

在海尔集团发展初期，其创始人张瑞敏就展现出了卓越的直觉与洞察力。面对当时国内家电市场的激烈竞争，张瑞敏敏锐地意识到，海尔要想在市场中脱颖而出，就必须进行彻底的变革。他凭借直觉判断，海尔的未来在于质量与服务，而非仅追求规模的扩大。因此，当产品出现问题时，他果断地决定“砸冰箱”，将76台不合格的冰箱全部砸毁，向全体员工传递了“质量至上”的企业价值观。

其实，张瑞敏的决策并非仅凭直觉。在提出“砸冰箱”行动之前，他进行了深入的市场调研，分析了国内外家电市场的现状与趋势，并结合海尔的实际情况制订了变革方案。他深知，仅凭一时的冲动和激情，无法确保海尔的持续发展。因此，他在决策时始终保持理性，全面权衡了变革的利与弊。

一、直觉与理性是决策的智慧基石

张瑞敏“砸冰箱”的决策，不仅挽救了海尔于危机之中，更使海尔在市场中树立了良好的品牌形象。从此，海尔凭借卓越的质量和服务，赢得了消费者的广泛赞誉，成为国内家电市场的领军企业。张瑞敏的这次决策，正是直觉与理性完美结合的典范，展现了他的决策智慧。

直觉与理性，看似矛盾，实则相辅相成，共同构成了决策的智慧基石。直觉，这一感性思维的结晶，源自个体对世界的独特感知与深刻理解。它如同一位无形的导师，引导人们在纷繁复杂的信息中迅速捕捉到问题的核心与本质。而理性，则是逻辑思维的体现，它强调事实、数据与逻辑关系的严谨性，为决策提供了坚实的科学依据。

直觉是经验的积累与提炼。经过长时间的学习与实践历程，成功者往往积淀了深厚的行业认知与丰富经验。这些知识与经验在大脑中形成了独特的神经网络，如同一张错综复杂的地图，指引着他们在面对新问题时，能够迅速调动相关知识，形成直觉判断。这种直觉判断虽然看似模糊，却往往能够直击要害，为决策提供宝贵的参考。

直觉判断是一种基于个体的经验、知识及潜意识的综合处理，往往能在复杂或不确定情境下迅速提供方向。直觉判断能够绕过逻辑思维的局限，捕捉到那些难以量化的微妙信息，帮助人们快速作出反应。直觉判断还能够提高效率，尤其在紧急情况下，直觉反应往往比理性分析更为迅速有效，有助于把握转瞬即逝的机遇。此外，直觉判断还能激发创新思维，促使人们跳出常规框架，发现新的可能性和解决方案。

然而，面对复杂多变的市场环境，仅凭直觉往往难以作出科学、准确的决策。成功者在运用直觉的同时，会结合市场数据、行业趋势、竞争对手动态等多方面信息，进行深入的逻辑分析与推理。他们会通过数据与事实，对直觉判断进行验证与优化，以确保决策的科学性与可行性。因此，他们会在决策前进行充分的思考与权衡，既考虑直觉的敏锐性，又兼顾理性的严谨性。

虽然直觉判断需辅以理性分析以确保准确性，但其独特的洞察力和灵活性，无疑是个人成长与组织发展中不可或缺的能力之一。在实践中培养并信任直觉，有助于在多变环境中保持竞争优势。

二、如何运用直觉与理性进行决策

在决策过程中，成功者往往能够巧妙地融合直觉与理性，创造出令人瞩目的成果。他们深知，决策不是数据与分析的堆砌，而是直觉与智慧的碰撞。因此，要想决策精准，我们在运用直觉与理性进行决策时，需要遵循一系列精心设计的步骤，以确保决策精确、合理且高效。

1. 明确决策目标

决策的第一步，是清晰地界定目标与期望结果。在决策前，需要深思熟虑并明确期望达成的效果。目标是决策的指南针，只有明确了目标，才能确保决策的方向性与针对性。因此，我们要仔细分析现状，明确自己的长期与短期目标，以及实现这些目标所需的关键要素。

2. 收集与分析信息

信息是决策的基础。我们要通过多种渠道收集相关信息，包括市场数据、行业动态、竞争对手策略等。只有掌握了全面的信息，才能作出明智的决策。因此，我们要学会运用各种手段，如市场调研、数据分析、专家咨询等，来收集所需的信息，然后基于所收集的信息，进行深入比对和分析。我们还可以运用逻辑思维和数据分析工具，对信息进行整理、归纳和解读，以便更好地把握市场的真实情况和未来趋势。

3. 运用直觉进行判断

在收集与分析信息的基础上，我们要凭借直觉对决策方案进行初步筛选与评估。直觉是长期经验和智慧的结晶，能够捕捉到那些难以量化的微妙信息。因此，我们要根据自己的经验和直觉，快速判断哪些方案最有可能实现目标。这一步骤体现了直觉判断在决策过程中的独特价值，它能够帮助我们迅速缩小选择范围，为后续的理性验证提供方向。

4. 进行理性验证

尽管直觉判断具有独特的价值，但仅凭直觉并不足以作出明智的决策。因此，我们要运用逻辑思维与数据分析工具，对直觉判断进行进一步的验证与优化。我们可以通过数据对比、模型预测等方法，评估不同方案的优劣，以确保决策的科学性与可行性。这一步能帮助我们避免草率决定，提高决策的精准度和可信度。

5. 制订并实施计划

一旦决策确定，我们就要立即着手制订详细的实施计划。我们需明确责任分工、时间节点与关键节点，以确保决策的顺利执行。同时，需留意实施中可能遭遇的风险与挑战，并作出相应的应对策略。这样可以增强我们的执行力和组织能力，让我们能够将决策转化为具体的行动方案，并确保其得到有效实施。

6. 持续跟踪与调整

在实施过程中，我们需要根据市场动态与竞争态势的变化对决策进行调整与优化，以确保决策的有效性与适应性，让我们能够在复杂多变的环境中适应新的情况和挑战。通过持续跟踪与调整，我们能够确保决策始终符合市场变化和自身发展的需要，从而取得更大的成功。

直觉与理性，是成功决策的双翼。直觉让决策更加敏锐与灵活，而理性则让决策更加严谨与可靠。在复杂多变的市场环境中，成功者能够巧妙地将两者结合，既不失感性的敏锐与洞察力，又不失理性的严谨与逻辑性。正是这种独特的决策智慧，让他们在商业世界中屡创佳绩，成为真正的行业领袖。对于每一位追求卓越的管理者来说，掌握直觉与理性的结合之道，无疑将为他们的事业发展注入强大的动力。

第五节　决策果断：高效决策后立即行动

在纷繁复杂的社会环境中，成功者总是能够凭借卓越的洞察力捕捉机遇，并以坚定的决策力把握未来。一旦决策形成，他们便如同离弦之箭，迅速行动，将决策转化为可见的成果。这不仅考验了他们的决策能力，也挑战了他们的执行力。

在中国互联网领域，腾讯的创始人马化腾凭借其独到的商业洞察和坚定的决策力，成为行业的领军人物。在腾讯的初创时期，马化腾敏锐地意识到即时通信软件将成为未来互联网的重要入口。他果断地决定投入大量资源研发QQ这一即时通信软件，并凭借其独特的功能和用户体验，迅速赢得了广大用户的青睐。这一决策巩固了腾讯在即时通信领域的领导地位。

随着公司的不断发展，马化腾再次展现出其果断的决策力。面对移动互联网的崛起，他果断地决定进行战略转型，将腾讯的业务重心从PC端转向移动端。在他的带领下，腾讯不仅成功推出了微信这一划时代的移动即时通信软件，更在游戏、金融、广告等多个领域取得了显著成就。

一、决策果断的重要性

在变幻莫测的互联网市场中，马化腾总是能够迅速洞察市场动向，果断作出决策，引领腾讯在激烈的市场竞争中脱颖而出。马化腾的果断决策和高效行动，不仅展现了企业家的智慧与责任感，也为我们树立了学习的榜样。

决策果断是决策智慧的关键标志。在现代社会的快节奏中，机遇转瞬即逝，唯有果断决策，方能迅速把握机遇，占据优势。

首先，决策果断有助于把握机遇。成功者总能在复杂的信息中迅速识别出机遇的微妙迹象，并迅速作出决策。他们深知机会难得，只有迅速行动，才能将机遇转化为实际成果。因此，在决策时，他们总是行动迅速，毫不迟疑。

其次，决策果断有助于提高效率。成功者在决策时能够迅速权衡利弊，选择最佳方案。他们不会陷入无休止的争论和犹豫，而是迅速采取行动，推动事情向前发展。这种高效的决策方式不仅节省了时间，还避免了犹豫不决带来的麻烦。

再次，决策果断有助于增强团队凝聚力。成功者在决策时，通常能够充分考虑团队成员的意见和建议，作出符合团队利益的决策。他们的果断决策，让团队成员看到了希望和方向，从而更加团结一致，共同为实现目标而努力。

最后，决策果断有助于塑造个人形象。果断决策的品质，充分展现了成功者敏锐的洞察力和高效的执行力。他们勇于承担责任，敢于面对挑战，这种无畏的勇气和担当精神，使他们成为众人瞩目的焦点和学习的榜样。

二、如何将决策转化为实际行动

虽然决策的果断性至关重要，但将决策转化为实际行动才是实现目标的核心。在作出果断决策之后，我们可以采取以下措施，以确保立即行动并高效执行。

1. 明确行动目标

决策之后，我们应立即明确行动目标，这一步骤至关重要。我们需要将决策内容转化为具体的行动计划和步骤，确保每一项任务都有明确的方向。同时，我们可以设定清晰的时间表和关键节点，持续监控进度，确保每一步都按照既定计划稳步向前推进。

2. 快速组建团队

团队的力量是无穷的。因此，在作出果断决策之后，我们可以迅速组建一支高效、专业的团队，明确各成员的职责和分工。我们要加强团队内部的沟通与协作，让每位成员都能发挥所长，携手推动项目进展。

3. 制订详细计划

在作出果断决策之后，我们需制订详细的行动计划。我们需考虑各种潜在情形与风险，并制定相应的对策。此外，还需留意市场趋势及竞争对手的行动，灵活调整计划，以保障项目顺利进行。

4. 强化执行力

执行力是实现目标的核心。因此，在作出果断决策之后，我们要强化执行力，确保每一项任务都能够按照既定计划高效完成。我们应定期检查与跟踪项目实际进展，及时发现并解决出现的问题，以保障项目顺利进行。

5. 持续学习与改进

在作出果断决策之后，我们还需要持续关注行业动态和技术发展，不断学习和掌握新知识、新技能。同时，我们还需要经常回顾决策过程，吸取经验教训，持续优化决策方法。

决策果断与高效行动是成功者决策智慧的重要体现。他们能够在纷繁复杂的环境中迅速洞察机遇，果断作出决策，并立即采取行动，将决策转化为实实在在的成果。在未来的道路上，我们应以成功者为镜，不断提升自己的决策能力和执行力。

第三章

预见未来:
成功者的趋势预判

在快速变化的环境中，预见未来是成功者脱颖而出的核心。本章将深入分析成功者如何利用卓越的洞察力和敏锐的判断力，精确捕捉行业动态，掌握未来趋势。他们不仅着眼于当前的机遇与挑战，更擅长从细节中洞察未来的发展方向。通过深入剖析成功者的趋势预测策略，揭示预见未来的秘密，帮助我们乘风破浪，引领潮流。

第一节　宏观视角：把握时代脉搏

在这个日新月异的时代，预见未来已不再是科幻小说中的情节，而是每个成功者必须掌握的生存技能。成功者之所以能在错综复杂的环境中应对自如，关键在于他们具备超越常人的趋势预测能力。这种能力，不仅源于对细节的敏锐洞察，更依赖于从宏观角度出发，深刻理解和把握时代的脉搏。本节将探讨如何运用宏观视角洞察时代趋势，为个人的成长与发展奠定坚实基础。

一、从宏观视角把握时代脉搏

要把握时代脉搏，必须从宏观视角出发，深入洞察国家经济的发展趋势和市场的动态。只有这样，我们才能在时代的洪流中抓住机遇，实现自己的价值和梦想。

成功者之所以能成为各个领域的佼佼者，不仅是因为他们在专业技能上的炉火纯青，更在于他们拥有一种非凡的品质——善于从宏观视角把握时代脉搏。这种能力，如同灯塔一般，指引着他们在变幻莫测的世界中稳健前行，不断攀登新的高峰。

在成功者的眼中，时代不仅是由无数瞬间构成的连续画卷，更是蕴含着深刻规律与趋势的洪流。他们站在历史的高度，以宽广的视野审视当下，从而捕捉到那些常人难以察觉的微妙变化。这种对时代的敏锐感知，使他们能够在机遇与挑战并存的复杂环境中，迅速作出准确的判断与决策。

他们深知，每一个时代的兴起与衰落，都伴随着特定的社会背景、经济规律与文化变迁。因此，在行动之前，他们总是先进行深入的研究与思考，力求从宏观层面把握时代的本质与走向。这种深思熟虑的习惯，不仅让他们能够规避风险，更能在关键时刻抢占先机，引领潮流。

更重要的是，成功者在把握时代脉搏的过程中，通常能够始终保持着一颗谦逊与敬畏之心。他们明白，无论个人多么优秀，都无法超越时代的局限。因此，他们总是不断学习，不断适应，努力使自己的思想与行动与时代同步，甚至引领时代。

总之，成功者之所以能在各自的领域中独领风骚，很大程度上得益于他们善于从宏观视角把握时代脉搏的能力。这种品质，不仅让他们在复杂多变的环境中游刃有余，更成为他们不断追求卓越、创造辉煌的重要基石。

二、如何从宏观视角洞察时代趋势

在快速变化的现代社会，如何通过宏观视角洞察时代趋势，成为一个值得深思的问题。对于很多人而言，这似乎是一项难以企及的技能，但实际上并非如此。通过有意识的观察、学习与思考，我们完全有可能逐步提升自己的趋势预判能力。通过以下几种实践做法，我们可以逐步提升自己的趋势预判能力，更好地把握时代脉搏，与时代同行，共创未来。

1. 持续学习，拓宽视野

利用碎片时间阅读行业报告、专业书籍、权威期刊等，关注国内外新闻动态，特别是与经济发展、科技创新相关的报道。通过不断学习，保持对新知识、新技术的敏感度，为预判趋势提供信息支持。

2. 建立信息筛选机制

在信息量庞大的当下，学会筛选和过滤信息至关重要。可以根据自己的兴趣和职业发展方向，设定信息获取的优先级，避免被无关紧要的信息干扰。此外，还要努力提升批判思维能力，以便对获取的信息进行理性分析和评估。

3. 积极参与社交活动

通过参加行业论坛、研讨会、交流会等活动，与来自不同背景的人建立联系，获取多元化的观点和信息。这些交流不仅可以拓宽视野，还能激发灵感，帮助我们发现潜在的趋势和机遇。

4. 勇于尝试，敢于实践

在掌握一定信息和分析的基础上，要勇于迈出第一步，将理论知识转化为实际行动。无论是创业、投资还是个人职业发展，都要敢于尝试新事物，勇于面对挑战和失败。通过实践持续调整并优化预判策略，以强化预测的精准度。

5. 保持耐心和毅力

趋势预判是一个长期的过程，需要持续地观察、分析和实践。在这个过程中，或许会遭遇挫折与失败，但关键在于保持耐心与坚韧，持续学习与探索。唯有保持耐心、坚持不懈，方能在变幻莫测的商业环境中维持竞争力。

预见未来，把握时代脉搏，是成功者的必修课。通过宏观视角下的趋势识别，我们可以更加清晰地看到未来的发展方向和潜在机遇。然而，这一过程并非一蹴而就，需要持续地学习、实践和优化。对于普通人而言，只要勇于尝试、敢于实践，不断拓宽视野、提升自我，就能在未来的道路上走得更远、更稳。让我们以开放的心态、敏锐的眼光和坚定的步伐，共同迎接更加美好的明天。

第二节　微观洞察：发现行业先机

在快速变化的环境中，成功者总是能够先人一步地洞悉未来趋势，把握住行业发展的先机。他们不仅具备宏观的战略眼光，更能在细节处敏锐地察觉市场的微妙变化，从而作出精准的趋势预测。这种洞察力是通过持续的学习与实践逐渐积累而成的。本节将深入探讨成功者如何通过细致入微的观察来发现行业机遇，并探讨我们如何借鉴他们的经验，提升自己的预测能力。

一、从微观洞察发现行业先机

只有擅长微观洞察，深刻理解消费者的需求，才能发现行业的先机，从而在市场中占据优势地位。

成功者之所以能够成功，往往在于他们具备一种独特的品质——擅长微观洞察发现行业先机。这种品质不仅体现在具备高度的市场敏感性，还体现在拥有一套系统化的微观分析框架，以实现对行业趋势的精准预判。

首先，微观洞察的精髓在于“细节之处见真章”。市场由无数个细微的需求、偏好、行为模式交织而成，这些看似不起眼的元素往往隐藏着行业变革的先兆。例如，成功者通过观察消费者对健康饮食的偏好变化，可能预见到食品行业将向绿色、有机方向的转型；或是注意到社交媒体上某一新兴话题的热度攀升，可能预示着相关领域的市场需求即将迎来爆发。成功者若能通过数据分析、用户调研等手段，及时捕捉并解读这些微观信号，便能先人一步调整策略，抢占市场先机。

其次，微观洞察强调“以用户为中心”的思维方式。深入了解目标用户的真实需求、痛点及未满足的期望，是成功者发现新机遇的重要途径。这要求成功者不仅关注用户显性需求的满足，更要通过创新性的解决方案，解决用户的隐性需求，从而创造新的市场需求。例如，成功者通过大数据分析用户行为模式，发现未被充分满足的个性化需求，进而开发定制化产品或服务，实现差异化竞争。

再次，微观洞察还需结合宏观趋势进行综合判断。单一微观现象可能只是市场波动中的偶然，但当多个微观信号汇聚并指向同一方向时，便可能预示着行业趋势的形成。因此，成功者需建立跨领域的知识体系，将微观洞察与宏观经济、技术革新、政策法规等大环境因素结合考量，以提升预测的精确度。

最后，实施微观洞察策略还需成功者具备快速响应的能力。一旦察觉潜在机会，需立即整合各方资源，调整战略，以迅速推出贴合市场需求的新产品或服务。此外，构建敏捷的学习与迭代体系，持续依据市场反馈调整策略，维持高度的灵活性和竞争优势。

总之，“从微观洞察发现行业先机”是成功者前瞻性的战略思维，它要求成功者具备敏锐的市场感知力、深度的用户洞察能力以及快速响应市场变化的能力。通过这一策略，成功者能够在复杂多变的市场环境中，精准捕捉机遇，引领行业潮流，实现个人或团队的持续发展与领先地位。

二、如何培养微观洞察能力

在复杂多变的市场环境中，微观洞察能力成为把握行业先机、实现个人或团队持续发展的关键。它要求我们能够敏锐地捕捉市场的微妙变化，从细节中发现潜在的机遇和挑战。那么，对于我们而言，如何培养这种能力呢？以下是一些实用的实践做法。

1. 要保持对市场的高度敏感

市场变化迅速，我们必须时刻保持警觉，密切关注市场动态，如消费者需求的演变和竞争对手的策略变动。通过研读行业报告、参与行业论坛、紧跟行业动态等途径，我们能获取丰富的市场信息，并定期调研和分析市场，以更准确地把握市场趋势。

2. 要注重对细节的观察和分析

在观察市场时，要善于从产品的细节中发现潜在的问题和机遇。例如，在购物时，我们可以关注产品的包装、设计、功能等方面的细节，思考如何进行优化和改进。同时，也要重视消费者的使用习惯与反馈，深入理解其需求与痛点。

3. 要学会运用逆向思维

逆向思维要求我们跳出常规思维框架，从市场对立面去寻找机会与挑战。通过逆向思维，我们能够发现一些通常被忽视的市场机会，从而制定出更加有效的策略来应对市场的变化。逆向思维能够让我们看到不同的视角，从而制定出更具创新性的市场策略。

4. 要注重实践经验的积累

在追求专业成长的道路上，实践经验的积累是不可或缺的一环。只有通过不断的实践和学习，我们才能够逐渐提升自己的微观洞察能力。通过亲身参与和体验，我们能够更深入地理解市场，逐步形成一套适合自己的方法和体系。

微观洞察力是成功者预见未来、抢占行业优势的关键特质。通过深入观察市场的细微变化、注重细节的分析和优化、运用逆向思维寻找潜在机遇等方式，我们可以逐渐培养自己的微观洞察能力。同时，重视实践经验的累积与学习能力的提升，对迎接市场挑战与把握机遇也至关重要。在未来的商业世界中，只有具备微观洞察能力的人才能成为真正的赢家。

第三节　技术前沿：紧跟科技浪潮

在这个快速变化的时代，每一次技术的飞跃都是对未来深刻的洞察与塑造。成功者之所以能在时代的洪流中屹立不倒，不仅因为他们对现状的精准把握，更因为他们对未来的趋势有着敏锐的预判。技术前沿作为推动社会进步的关键力量，其浪潮澎湃，既孕育着无限的机遇，也潜藏着未知的挑战。紧跟科技的潮流，不仅是对个人能力的挑战，也是对时代动态的精准把握。

在科技浪潮的推动下，嫦娥六号的成功返回无疑为中国航天领域书写了辉煌的一章。这一壮举的背后，中国科学院国家天文台研究员、嫦娥六号任务工程副总设计师李春来功不可没。李春来被《自然》杂志誉为“月岩守护者”，他在选择月球着陆点的关键决策中起到了决定性的作用，为嫦娥六号任务的成功实施奠定了坚实的基础。

此外，李春来教授的团队还从月球背面的南极–艾特肯盆地带回了近2000克的月岩和土壤样本，这些珍贵的资料揭示了月球背面火山活动持续至28亿年前的线索，极大地推进了人类对月球及其演变历程的理解。李春来不仅在科研领域取得了显著成就，更以其勇于探索的精神和卓越的科研能力，成为紧跟科技浪潮、预见未来的典范。

一、在技术的洪流中乘风破浪

李春来凭借对月球探索的深刻洞察和前瞻性布局，紧随科技浪潮。他精准选定月球着陆点，带领团队成功获取珍贵的月岩样本，揭示了月球背面火山活动的新证据，极大地拓展了人类对月球的认知边界。李春来与团队的成就不仅展现了科技前沿探索的勇气与智慧，更彰显了紧跟科技浪潮、不断创新的决心，为中国航天事业的发展树立了典范。

想要如成功者一样在技术的洪流中乘风破浪，必须构建一套科学的趋势预判体系。这要求我们不仅要深入理解当前技术的发展现状，更要能够洞察其背后的逻辑与规律，从而推断出未来的可能走向。构建一套科学的趋势预判体系，需要关注以下四个关键要素。

一是跨学科思维。随着技术边界日益模糊，单一学科已难以全面解析复杂现象。因此，跨学科的学习与思考成为预见未来的重要途径。通过融合物理学、计算机科学、经济学、心理学等多领域知识，可以更全面地理解技术变革的社会影响和经济逻辑。

二是数据辅助决策。大数据与人工智能技术的发展为趋势预测提供了强大工具。汇集、研究并深入挖掘大量数据信息，可以发现其中隐藏的模式与未来走向，为制定决策过程提供有力的数据支撑。同时，机器学习和预测模型的应用，能够进一步提升预判的准确性和时效性。

三是情境化构想。预见未来还需具备场景化想象的能力，即基于现有技术，构想其在未来可能的应用场景和影响。这种想象力不仅激发了创新灵感，也为技术落地提供了方向指引。

四是持续学习与适应。技术发展速度之快，要求我们必须保持终身学习的态度，不断吸收新知识、新技术。同时，面对不确定性，灵活适应和快速迭代的能力同样重要，这有助于在变化中保持竞争力。

通过实践与融合以上四个关键要素，我们不仅能够更好地理解当前技术的现状与趋势，更能够预见并引领未来的发展方向。李春来等科技前沿的探索者已经为我们树立了榜样，他们的成功证明了这一体系的有效性和必要性。因此，我们应该以更加开放的心态、敏锐的洞察和坚定的步伐，共同迎接科技带来的无限可能。

二、紧跟科技浪潮：从理论认知到实践操作

在日新月异的科技时代，紧跟科技浪潮已成为各行各业不可回避的重要课题。科技的快速进步不仅孕育了无数新机遇，也对我们的认知与实践能力提出了更高要求。为了在这一浪潮中保持竞争力，我们不仅要深化对科技理论的理解和认知，更需要将理论知识应用于实践中，并在实践中持续探索和创新。

然而，紧跟科技浪潮并非易事，它需要我们具备敏锐的洞察力、前瞻性的思维以及果断的行动力。面对瞬息万变的科技环境，我们既要持续关注和学习新技术、新趋势，又要勇于尝试、实践，将所学知识融入日常工作，推动科技与创新的持续发展。

基于此，以下提出了一些紧跟科技浪潮的有效方法和策略，旨在帮助我们在理论和实践两个层面实现双重提升，以更得心应手地应对科技变革带来的各种挑战与机遇。

1. 建立“技术雷达”

企业或个人应建立一套技术监测机制，定期“扫描”全球范围内的技术动态和新兴趋势。这可以通过订阅专业科技媒体、参加行业会议、加入技术社群等方式实现，确保自己始终处于信息的前沿。

2. “小步快跑”，快速试错

在不确定的环境下，采取敏捷开发和“小步快跑”的策略，能够更快地验证想法，及时调整方向。通过快速试错，可以低成本地获取市场反馈，减少决策失误。

3. 构建创新生态系统

面对瞬息万变的市场，单打独斗难以立足。建立或加入创新生态系统，与高校、研究机构、初创企业等合作，可以共享资源、加速创新。这种开放协作模式能激发协同创新，共同推进技术革新。

4. 培养复合型人才

人才必然是未来竞争的核心，尤其是那些拥有跨学科知识与创新技能的人才。因此，企业和组织应重视复合型人才的培养和引进，通过内部培训、外部招聘等方式，构建多元化的人才结构。

5. 注重伦理与责任

在追求技术创新的同时，不能忽视其可能对社会、环境带来的负面影响。建立技术伦理审查机制，确保技术发展符合社会伦理和可持续发展的要求，是紧跟科技浪潮不可或缺的一环。

紧跟科技浪潮，预见未来，是每一位时代参与者必须掌握的技能。通过构建科学的趋势预判体系，采取有效的实践策略，我们不仅能够更好地把握当下，更能为未来的发展奠定坚实基础。在技术的海洋中，唯有不断学习、勇于创新、灵活适应，方能乘风破浪，引领潮流。让我们以更加开放的心态、敏锐的洞察和坚定的步伐，共同迎接科技带来的美好未来。

第四节　消费趋势：洞悉市场需求

在快速变化的商业领域，能够预见未来、掌握趋势是每个行业佼佼者的必备技能。消费趋势作为市场动态的风向标，对于企业制定战略和创新产品至关重要。深入理解消费趋势，意味着能够提前布局，占据市场先机，在竞争激烈的市场中脱颖而出。本节将深入分析如何洞察消费趋势，结合理论分析与实际操作，展示预见未来的奥秘。

在智能家居领域，美的集团的创始人何享健凭借其敏锐的市场洞察力和具有远见的战略思维，成为预测消费趋势的杰出代表。在智能家居概念还未广泛传播时，何享健已经预见到了这一领域的巨大潜力。他深刻认识到，随着科技的飞速发展和消费者生活品质的不断提升，智能化、便捷化的家居产品将成为未来市场的主流。

基于这样的洞察，何享健作出了果断的决策，引领美的集团投入巨额资源，开发了一系列智能家居产品，包括智能空调、智能热水器等。这些产品不仅融合了先进的物联网技术，实现了远程控制、智能调节等功能，还注重设计美学和用户体验，满足了消费者对高品质生活的追求。美的智能家居品牌的成功推出，不仅赢得了消费者的广泛赞誉，也为美的集团带来了显著的业绩提升。

一、洞悉消费趋势

何享健的成功，再次证明了洞悉消费趋势对于企业发展的重要性。在快速变化的商业环境中，消费趋势如同市场的脉搏，每一次跳动都预示着新的机遇与挑战。洞悉消费趋势，意味着能够捕捉市场的先机，引领行业的变革。这要求我们对市场需求进行深入分析和精准掌握。

首先，理解消费趋势的形成至关重要。它的形成是经济、社会变迁、文化背景以及科技进步等多种因素相互交织、共同作用的结果。这些因素的变动会直接影响消费者的需求与偏好，因此，我们需从多角度分析市场需求的变化。

其次，洞悉消费者行为的心理机制同样关键。在消费者的购买决策过程中，他们的认知过程、情感反应以及社会影响等因素都会发挥作用，进而左右其购买意愿和偏好。对这些心理需求的深刻理解，能够帮助我们更有效地预判消费动向。

最后，科技进步对消费趋势的影响同样显著。新兴技术引领了新的消费模式、环境与体验，不仅重塑了消费者的购物习惯，还催生了前所未有的消费需求。因此，我们需要密切关注科技动态，把握科技进步对消费趋势的影响，以便及时调整战略方向。

总之，洞悉消费趋势，需要我们从多个维度出发，深入研究市场需求的变化趋势。通过对消费趋势的形成机制、消费者行为的心理学原理以及科技进步对消费趋势的影响进行全面分析，我们可以更加准确地把握市场的脉搏，预见未来的走向。

二、将消费趋势洞察转化为商业实践

仅仅洞悉趋势并不足以确保我们获得成功，关键在于如何将这一宝贵的洞察转化为实际的商业行动。只有将洞察与行动紧密结合，我们才能在市场中占据先机，赢得消费者的信赖与忠诚。那么，洞悉消费趋势后，如何将这一洞察转化为实际的商业行动呢？

1. 加强市场调研与数据解析，精确把脉市场动态

市场调研是洞悉消费趋势的基石。为精准掌握市场需求变化，需加大市场调研力度，深度理解消费者需求、偏好及购买行为。同时，采用先进的数据分析手段深入探索市场资讯，发掘隐藏的消费需求及市场中的新契机。通过市场调研与数据分析的双重策略，精确捕捉市场动态，为决策制定提供坚实的数据支撑。

2. 不断创新产品与服务，应对消费者多元需求

依据市场调研与数据分析结果，应持续创新产品与服务，满足消费者日

益增长的多样化需求。这涵盖新品开发、现有产品优化、服务质量提升等多个层面。通过不断创新，企业可保持市场竞争力，吸引更多消费者关注。同时，创新也是企业持续发展的关键，推动企业不断前行。

3. 建立全面的消费者洞察机制，实现需求预测与快速响应

为了实现对市场需求的实时监控和预测，可以构建一套完善的消费者洞察体系。这一体系应包括消费者调研、数据分析、趋势预测等多个环节，形成一套完整的市场需求洞察机制。通过这一体系，企业能够及时发现市场变化，准确预测消费者需求的变化趋势，并快速响应市场变化，调整企业战略和产品策略。

4. 提升品牌塑造与营销力度，强化市场竞争力

品牌塑造与营销是提升市场竞争力的核心。通过强化品牌形象塑造与传播，提升品牌知名度与美誉度。同时，通过多样化的营销途径和方法，实施精确的市场定位与个性化服务策略，以增强消费者的购物体验及满意度。借助品牌塑造与营销推广的双重策略，企业能够在市场中打造独特的品牌标识，获取消费者的信任与忠诚度。

洞悉消费趋势，是预见未来的重要一环。通过深入研究市场需求、掌握消费者行为心理学原理、关注科技进步对消费趋势的影响等方面，我们可以更加准确地把握市场需求的变化趋势。同时，结合具体的商业行动，如加强市场调研与数据分析、创新产品和服务、构建消费者洞察体系以及加强品牌建设和营销推广等方面，我们可以将这一洞察转化为实际的商业成果。

第五节　跨界交汇：预见新兴领域

在时代的洪流中，每一个浪尖的跃动都预示着未来的趋势。成功者之所以能在云谲波诡的商海中屹立不倒，不仅因为他们拥有敏锐的洞察力，更在于他们能够预见并把握跨界交汇时产生的无限可能。当科技、艺术、经济乃至社会学的边界逐渐模糊，新兴领域的诞生便如同破晓的曙光，照亮了前行的道路。本节将结合深入的理论阐述与具体实践方法，探讨如何在跨界交汇中预见新兴领域，从而把握时代的脉搏。

东汉时期的伟大科学家、文学家、发明家张衡，以其卓越的天文学成就和地动仪的发明而著称。张衡不仅精通天文历法，准确预测了多次日食和月食，还深入研究了机械制造，发明了世界上第一台测定地震方向的仪器——地动仪。在文学领域，他同样有着不俗的成就，创作了《二京赋》等传世佳作，展现了他在文学创作上的深厚造诣。

张衡，这位东汉时期的科技巨匠，以其跨界的智慧与勇气，成为连接天文学、机械制造与文学创作的桥梁。他不仅是科学家，更是文学创作的佼佼者，展现了“科技狂人”的跨界传奇，为后世树立了勇于探索、敢于创新的榜样。

一、构建跨界思维框架，预见新兴领域

张衡的故事告诉我们，跨界交汇往往能够孕育出新兴领域与重大创新。他敢于打破传统学科界限，勇于尝试跨领域的探索，这种前瞻性的思维与勇气，正是我们今天在科技创新与文化交融中所需要的。他为我们树立了跨界交汇、预见新兴领域的典范，激励着我们不断拓宽视野，勇于跨界合作，共同开创更加美好的未来。

预见新兴领域，不仅需要敏锐的观察力，更需要一套跨界的思维框架，

以帮助我们把握趋势、融合知识、构建生态并大胆构想未来。在这个框架中，有几个关键点不容忽视。

一是趋势洞察。我们需要观察全球范围内的技术革新、社会变迁及消费者行为变化，从中提炼出潜在的发展趋势。例如，随着5G、物联网、区块链等技术的成熟，物联网金融、数字孪生等新兴领域正逐步显现。

二是交叉学科思维。跨学科的知识融合是预见新兴领域的关键。将科技与文化结合，可以催生出全新的创意产品和服务。此外，生物技术与信息技术的融合（如基因编辑、精准医疗）也是当前跨界研究的热点。

三是生态构建。新兴领域的出现常常伴随着相关生态系统的产生与构建。企业或个人须具备构建或融入生态系统的能力，通过合作、共享资源，共同推动新兴领域的成熟与发展。

四是未来场景构想。基于当前趋势，大胆设想未来可能的生活场景和工作方式，这有助于提前布局，抢占先机。例如，随着远程办公、虚拟现实的普及，未来可能出现更多围绕“数字生活空间”的创新服务。

总之，构建跨界思维框架是预见新兴领域的基石。通过敏锐的趋势洞察、跨学科的思维碰撞、生态系统的构建以及未来场景的构想，我们能够更加准确地把握时代的脉搏，预见并开辟未来的新兴领域。在这个过程中，我们不仅要保持对新技术、新趋势的敏锐感知，更要勇于打破传统界限，敢于尝试和创新，这样我们才能成为引领未来潮流的先锋。

二、实施跨界思维框架的具体策略

预见新兴领域并不仅仅是一种理论上的探讨，更需要通过具体的行动和实践来落实。在构建跨界思维框架的基础上，我们需要采取一系列具体的策略，将这些理论转化为实际成果。这些策略涵盖持续学习、人脉拓展、敏捷试错、数据驱动决策以及开放创新文化等多个方面。

1. 持续学习与自我迭代

在快速变化的时代，保持好奇心和学习力是适应环境、预见未来的关键。通过阅读最新的学术论文、参加行业研讨会、参与在线课程等多种方式，我们能够不断吸收新知识，开阔自身视野。同时，我们也要学会从过去的经验中汲取教训，不断优化自己的思维方式和行动策略。这种持续学习和自我迭代的精神，能够使我们持续增强自身的竞争力。

2. 建立跨界人脉网络

建立跨界人脉网络是启迪创意、拓宽视野的关键方式。我们应该主动寻求与不同领域专家的交流和合作，通过参加行业论坛、加入专业社群、利用社交媒体等方式，拓展自己的人脉圈。在与不同领域专家的交流中，我们可以了解到更多前沿技术和趋势，从而为自己的创新提供新的灵感和思路。同时，跨领域合作也能共同发掘新的商业模式和市场机遇，实现双赢。

3. “小步快跑”、快速试错

面对不确定性，采取敏捷开发模式，快速推出原型产品或服务，是降低风险、加速创新进程的有效策略。通过不断推出原型产品或服务，并收集市场反馈，我们可以及时调整优化自己的产品或服务，使其更加符合市场需求。这种“小步快跑”、快速试错的策略，将使我们能够在激烈的市场竞争中保持灵活性和创新性。

4. 利用数据驱动决策

数据是连接现在与未来的关键，是预测未来趋势的重要依据。我们应该积极收集并分析行业数据、用户行为数据等，运用大数据和人工智能技术辅助预测未来趋势。借助数据分析，可以更精确地洞察市场需求与竞争格局，为制定策略提供有力依据。同时，数据还能监测和评估创新效果，确保创新活动顺利进行。

5. 倡导开放创新文化

开放创新文化是激发团队内部及外部合作伙伴创新活力的关键。我们应该鼓励团队成员和合作伙伴提出新想法、新观点，营造一种敢于尝试、容忍失败的文化氛围。同时，我们还要建立有效的创新激励机制，对取得创新成果的个人或团队给予奖励和认可。这种开放创新的文化氛围将激发更多人的创新热情，推动创新活动不断向前发展。

跨界交汇，是预见未来的重要窗口。在这个充满变数的时代，我们既是观察者，也是创造者。通过构建跨界的思维框架，采取积极有效的行动策略，我们不仅能够预见新兴领域的崛起，更能成为推动社会进步的重要力量。当科技与文化相遇，当理性与感性交融，无限可能便在眼前展开，我们应以开放的心态积极拥抱变化。

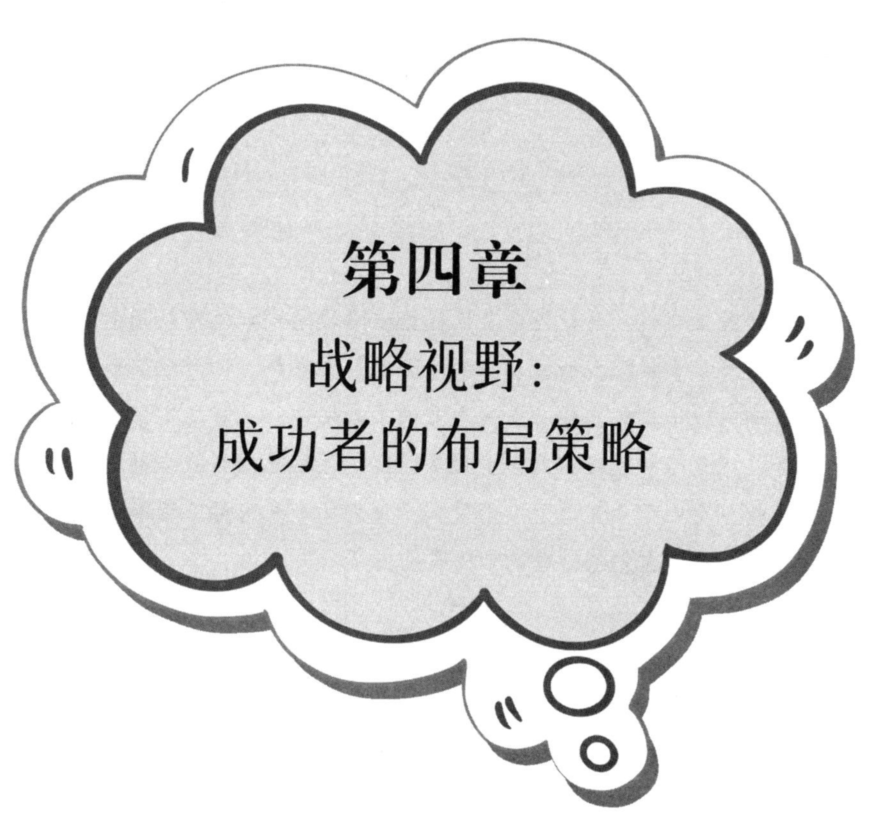

第四章

战略视野：成功者的布局策略

在商业领域，商界领导者往往凭借卓越的战略视野引领企业稳步发展。本章将深入剖析商界领导者的内在思维，探讨他们如何运用深邃的战略思维，精心策划企业的未来发展。从市场定位到资源配置，从竞争对手分析到自身优势挖掘，他们总能在战略部署中巧妙布局，决胜于千里之外。通过揭示他们的布局策略，帮助我们在商业竞争中抢占先机，成就非凡事业。

第一节　长远规划：制定清晰的战略目标

在商海浮沉中，商界领导者凭借卓越的战略视野和精准的布局，引领企业稳健前行。长远规划作为战略制定的核心要素，不仅为企业及个人指明了发展方向，更是其在激烈的市场竞争中保持领先的关键。明确的战略目标，犹如航行中的灯塔，为企业指引方向，在变幻莫测的商业海洋中稳健地破浪前行。本节将结合理论与实践，深入探讨如何制定并执行长远规划，揭示布局背后的智慧与策略。

华为创立之初，面对国内通信市场的空白与国际巨头的竞争压力，创始人及首席执行官任正非没有选择捷径，而是坚持自主研发，制定了长远的战略规划，提出了“以客户为中心，以奋斗者为本，长期坚持艰苦奋斗”的企业价值观。

任正非深知掌握核心技术的重要性。因此，在他的领导下，华为不断加大研发投入，逐步构建起全球领先的研发体系和技术创新能力。同时，任正非还前瞻性地布局了国际市场，逐步渗透全球通信市场，最终使华为成为全球通信行业的领军企业。任正非的战略眼光与长远规划，不仅成就了华为，更为中国科技企业走向世界树立了典范。

一、理论基石：长远规划与战略目标的核心价值

任正非深谙长远布局之道，坚持“知识资本化”原则，注重人力资本的增值，并制定了清晰的战略目标——打造全球领先企业。他借鉴了IBM的管理模式及集成供应链体系，对华为实施了全面的革新，显著提升了其国际竞争力。同时，他倡导创新，增加基础科研投入，确保华为在技术和市场上的领先地位。任正非的战略远见和长远规划，使得华为在短短几十年间从一家初创企业成长为全球通信行业的领军者，为中国科技企业走向世界树立了

典范。

在追求成功与发展的道路上，无论是企业还是个人，制定周密的长远规划和明确的战略目标都至关重要。这不仅是对未来方向的深思熟虑，也是指导当下行动的明确指南。长远规划犹如航海中的指南针，在茫茫商海中为我们指引方向，提供持续前行的动力。它帮助我们预见未来的市场趋势，精准把握稍纵即逝的机遇，并促使我们基于深刻洞察作出科学决策。

明确的战略目标能够将全体员工的意志凝聚在一起，激发他们的积极性和创造力，形成不可阻挡的合力。因此，我们必须深刻理解长远规划与制定清晰战略目标的重要性，将其视为可持续发展的基石，为企业的长远发展奠定坚实的基础。

在此基础上，SMART原则为我们提供了制定战略目标的科学方法，即目标应当具体（Specific）、可测量（Measurable）、可实现（Achievable）、相关性（Relevant）强、时限（Time-bound）明确，这为战略规划提供了清晰的方向与标准。首先，长远愿景与短期目标的有机结合确保了战略实施的连贯性与可持续性，使企业在追求长远目标的同时，也能稳步前行，不断取得阶段性成果。其次，面对市场的不确定性，战略目标须具备一定的弹性，能够根据外部环境的变化适时调整，保持战略的灵活性与适应性。

同时，企业文化的支持对长远规划的成功实施同样至关重要。作为企业的精神支柱，企业文化能够激发员工的归属感与使命感，使战略规划成为全体成员的共识与行动指南，共同推动企业向战略目标稳步迈进。

二、实践路径：将长远规划转化为行动

在理论基石的坚实支撑下，将长远规划与战略目标转化为具体行动，是我们实现可持续发展的关键。以下实践路径，旨在提供一套系统性的方法，帮助我们在复杂多变的市场环境中精准定位、高效执行、持续创新，从而确保战略规划有效落地。

1. 深度市场调研与分析

制定长远规划的首要任务是进行深入的市场调研，包括行业趋势分析、竞争对手研究、目标客户群的需求与偏好洞察等。借助大数据、人工智能等

先进技术，我们能迅速且准确地洞悉市场动态，为战略规划提供有力支持。

2. 构建战略地图与设定关键绩效指标

基于市场调研结果，可以构建一套清晰的战略地图，明确各阶段的主要任务与里程碑。同时，设定与战略目标紧密相关的关键绩效指标（Key Performance Indicator，KPI），确保各部门、各岗位的工作都能直接服务于战略目标的实现。

3. 强化组织协同与执行力

战略目标的达成离不开组织间的高效协作与强大的执行力。构建跨部门沟通桥梁，消除信息壁垒，保证战略信息在组织内部的有效传递。同时，通过培训、激励等措施提升员工的执行能力与创新能力，为战略落地提供人才保障。

4. 持续监控与评估

战略规划的执行是一个不断发展的过程，需要持续地进行监控与评估。通过建立定期回顾机制，对照战略目标检查进度与成效，及时调整策略。同时，激发员工的改进建议，建立由上至下、持续改进的积极循环。

长远规划作为战略视野的具体体现，是商界领导者在复杂多变环境中稳健前行的指南针。华为的案例为我们展示了制定清晰战略目标、结合深度市场调研、构建战略地图、强化组织协同与持续监控评估等具体措施的重要性。在未来的道路上，我们应以更加开阔的战略视野，绘制属于自己的宏伟蓝图。

第二节　资源优化：高效整合内外部资源

在战略视野的引领下，商界领导者不仅需要具备洞察未来的敏锐眼光，还必须拥有高效整合资源的智慧。资源作为战略实施的基石，其优化与整合能力直接决定了企业的竞争力与可持续发展的潜力。无论是内部的人力、物力、财力，还是外部的合作伙伴、市场机会、技术资源，商界领导者总能通过巧妙的布局与策略，将那些分散的资源整合成一股强大的力量，引领企业达到新的发展阶段。本节将深入探讨资源优化的核心策略，结合理论与实际操作，揭示如何在资源整合中步步为营，赢得未来。

一、资源优化是战略管理的关键环节

由许多企业的事例，我们能够认识到资源优化是企业实现多元化发展和保持竞争力的重要策略。通过精准地识别并整合内外部资源，企业能够不断开拓新的业务领域，提高运营效率和服务品质。

作为战略管理的核心环节，资源优化的核心在于高效整合内外部资源，以增强企业的综合竞争力。这一过程包括资源的识别、获取、配置和利用，并且强调对资源进行适时的调整和优化。

首先，资源的识别与获取是资源优化的基础。商界领导者会对市场环境进行深入分析，明确自身所需的资源类型与数量，然后通过有效的渠道与策略获取这些资源。这包括但不限于招募人才、购买技术、筹集资金等。

其次，资源的配置与利用是资源优化的核心。商界领导者总能根据战略目标的需要，合理分配资源，确保每项资源都能发挥最大的效用。这要求企业具备高度的资源协调能力，能够将内外部资源无缝对接，形成协同效应。

再次，资源的动态调整与优化是资源优化的关键。面对市场环境的波动和战略目标的变迁，企业需要具备灵活的应变能力，及时调整资源配置，以

保持资源的持续效用。这包括资源的重新分配、淘汰低效资源、引入新资源等。

最后，资源的可持续性是资源优化的长远考虑。在追求即时效益的同时，商界领导者更加重视资源的长期效益。他们通过构建绿色供应链、推动技术创新、加强员工培训等措施，确保资源的可持续利用，为企业的长远发展打下坚实的基础。

二、资源优化的实战策略

在进行资源优化时，我们不仅需要具备洞察未来的敏锐眼光，更需要掌握一套行之有效的实战策略。这些策略可以帮助我们精准定位资源，高效整合内外部优势，助力我们稳健前行。

1. 建立资源管理体系

构建一个全面的资源管理系统，明确资源的分类、管理职责及流程，以保障资源的高效管理。这包括制定资源管理制度、建立资源数据库、实施资源盘点等措施，为资源的优化配置和高效利用奠定坚实的基础。

2. 强化内外部资源整合

通过并购、合作、联盟等方式，整合内外部资源，形成优势互补。我们应主动寻求合作伙伴，共同开拓市场、共享资源、削减成本，以达到资源利用的最大化。同时，通过内部资源的整合与共享，打破部门壁垒，提高资源利用效率，推动企业整体效能的提升。

3. 推动数字化转型

数字化已成为资源优化的关键途径。我们应主动运用大数据、云计算、人工智能等前沿科技，实现资源管理的智能化，提高资源分配效率。数字化工具可以助力我们精准把握市场需求，优化资源配置，加速运营效率提高。

4. 培养资源型人才

资源型人才是资源优化的核心。我们应注重培养具备资源识别、整合、配置能力的员工，通过培训、激励等措施，激发员工的资源意识与创新能力。同时，构建资源管理领域的专业人才库，为企业持续发展奠定坚实的人才基石。

资源优化作为战略视野下企业的布局策略，不仅关乎企业的当下，更决定企业的未来。商界领导者总能以战略的眼光，洞察资源的价值，通过巧妙的布局与策略，将资源转化为推动企业发展的强大动力。因此，若能高效整合内外部资源，就可以构建强大的竞争力，推动可持续发展。

第三节　竞争分析：制定差异化竞争策略

在瞬息万变的商业战场中，成功者之所以能脱颖而出，不仅因为他们对市场的敏锐洞察，更因为他们所拥有的独到布局策略。竞争分析构成了战略规划的基石，其关键在于精确识别竞争对手的优势与劣势，从而制订出具有明显差异的竞争方案。差异化不仅代表着产品或服务的独一无二，更是企业及个人在激烈市场竞争中脱颖而出的核心。本节将深入剖析如何通过竞争分析来发现独特的市场定位，并将这一定位转化为切实可行的行动策略。

一、差异化竞争策略的理论基石

制定差异化竞争策略需要进行深入的竞争分析。这一过程涉及对市场环境、竞争对手以及企业自身资源与能力的全面审视。其中，市场环境分析帮助企业了解行业趋势、政策法规及技术进步对企业运营的影响，竞争对手分析要求识别其主要产品、市场份额、营销策略及潜在弱点，企业资源与能力的自我评估是确立自身竞争优势的关键。

在明确这些关键要素之后，企业需借助SWOT分析（识别企业的优势、劣势、机会、威胁）来进一步提炼战略导向。结合优势与机会，企业能够发现新的增长点，而劣势与威胁的识别，则促使企业采取措施进行规避或改进。差异化策略的核心在于创造或强化那些使企业与竞争对手区分开来的独特价值主张。这可以是技术创新、服务体验、品牌形象、成本效率等多个维度上的差异化。

技术创新是差异化竞争中最直接也最显著的方式之一。通过研发新技术、新材料或新设计，企业能够推出具有革命性的产品或服务，从而在市场上占据领先地位。服务体验的差异化则主要聚焦于提升客户的满意度和忠诚度，包括售前咨询服务、售后支持服务以及个性化定制服务等关键环节。品牌形象的差异化则强调品牌故事、价值观与消费者情感的共鸣，构建难以复制的品牌忠诚度。

二、差异化竞争策略的实践转化

差异化竞争策略的制定为我们指明了方向，但如何将这一策略转化为实际的竞争优势，才是决定我们能否在市场中脱颖而出的关键。从理念到行动，每一步都需精心策划与高效执行。

1. 明确差异化定位，贯穿运营全过程

明确差异化定位，是整个策略实践转化的基石。这一定位应清晰地体现在产品开发、市场营销及客户服务等关键环节中。例如，若选择技术创新作为差异化重点，就应加大研发投入，建立高效的研发团队，并持续跟踪行业前沿技术动态，确保技术领先。通过持续的产品与服务迭代创新，就可以构建独特的竞争优势。

2. 构建强大的供应链体系

高效的供应链不仅能够降低运营成本、提高响应速度，还能确保产品质量，从而提升用户体验。通过与供应商建立长期稳定的合作关系，并通过信息共享、协同创新的机制，可以共同提升整个供应链的竞争力。这不仅有助于提高企业运营效率，还能确保在关键时刻产品的稳定供应。

3. 精准营销，定制化传播

在市场营销领域，差异化策略要求企业采取精准营销手段，针对目标消费群体实施定制化传播。利用大数据分析、社交媒体平台以及内容营销策略，企业能够更精确地定位潜在客户群体，有效传达品牌价值及其差异化优势。同时，通过口碑营销、关键意见领袖（Key Opinion Leader，KOL）合作等方式，能够进一步扩大品牌影响力，增强消费者的品牌认同感。

4. 以客户为中心，提升服务体验

客户服务环节同样至关重要。构建一个以客户为中心的服务体系，致力于提供超越客户期望的服务体验，是提升品牌忠诚度和市场口碑的关键。这包括但不限于建立快速响应机制、提供定制化方案及建立客户反馈系统等。精心的客户服务不仅能够显著提升客户满意度，还能获得客户的正面评价，成为企业持续增长的重要驱动力。通过不断优化服务流程、提升服务质量，企业能够在客户心中树立起专业、可靠且富有责任感的品牌形象。

差异化竞争策略的制定与实施，对于企业在复杂多变的市场环境中保持并增强竞争优势至关重要。通过深入的市场分析与自我审视，成功者能够精准定位自身在竞争格局中的位置，进而通过技术创新、服务升级、品牌建设等多维度差异化手段，构建起难以复制的竞争优势。在激烈的市场竞争中，找到并满足特定用户群体的独特需求，是通往成功的必由之路。未来，随着市场环境的不断变化，我们应持续进行战略迭代与优化，确保差异化策略的有效性与适应性。

第四节　动态调整：灵活应对市场变化

在快速变化的商业环境中，获得成功的关键不仅在于具备前瞻性的战略视野，更在于能够灵活调整战略布局的能力。面对市场的不断变化，成功者总能迅速作出反应，灵活调整策略，确保自己始终处于时代的前沿。本节将深入分析动态调整的重要性，结合理论与实践，揭示如何在市场波动中保持领先。

一、动态调整的核心要素

动态调整的关键在于敏锐捕捉市场变化并迅速应对。成功者深知，市场不是一成不变的，而是充满了不确定性和复杂性。因此，他们始终保持持续的警觉，时刻留意市场的最新动向，确保能及时察觉变化并迅速采取相应措施。

首先，动态调整要求对市场信息进行全面且深入的收集与分析。通过构建高效的信息系统，整合市场、竞争者与消费者等多方面的数据，进行深入挖掘，以精准预测市场走向及消费者偏好的变化。

其次，动态调整要求具备灵活的组织结构和决策机制。成功者深知，传统的层级式组织架构在应对市场快速变化时往往显得“力不从心”。因此，他们倾向于采用扁平化、网络化的组织结构，以及快速决策的机制，以便在发现市场变化时能够迅速作出反应。

最后，动态调整还涉及资源配置和战略调整。成功者会根据市场变化，灵活调整企业的资源配置，包括资金、人才、技术等，以确保企业始终具备竞争力。同时，他们还会依据市场波动，灵活调整企业战略方向，保证企业始终行进在正确的轨道上。

总之，动态调整战略是企业有效应对市场波动、保持竞争领先地位的关键举措。通过敏锐感知市场变化、灵活调整组织结构、快速决策以及灵活配置资源，企业才能在瞬息万变的市场环境中保持竞争力，实现持续稳健的发展。

二、动态调整战略的实践路径

在瞬息万变的商业环境中，我们不仅需要具备前瞻性的战略眼光，更需要将战略转化为实际行动的能力。以下将详细阐述动态调整战略的具体做法，为我们应对市场变化提供实践指南。

1. 构建全方位市场监测体系

信息是决策的基础。因此，通过建立完善的市场监测体系，全面收集市场、竞争对手、消费者等多方面的信息，并进行深入剖析，精确捕捉市场趋势与消费者需求变化。这包括定期市场调研、竞品分析、消费者习惯探索等，确保敏锐感知市场细微波动。

2. 制定并灵活调整战略规划

面对市场的不确定性，制定战略规划时需全面考量潜在因素与风险，预备多套方案。同时，还要明确战略目标与评估准则，跟踪战略执行成效。当市场环境产生变动时，迅速调整策略，确保发展方向无误。

3. 优化组织结构并强化人才培养

灵活的组织结构和优秀的人才队伍是应对市场变化的重要保障。因此，我们要优化组织结构，提高运作效率，同时重视人才培养，打造具备创新思维与实践能力的人才队伍，为企业发展注入新活力。

4. 深化资源整合与协同创新

我们需要加强与供应商、客户、合作伙伴等各方面的合作，实现资源共享和优势互补。同时，我们还要注重内部协同创新，加强部门之间的合作与资源共享，形成强大合力，共同应对市场挑战。

动态调整是企业在市场变化中持续保持领先的秘诀。我们要想在市场中脱颖而出，就需要构建全方位市场监测体系、灵活调整策略、加强组织建设和人才培养、强化资源整合和协同创新等，如此才能在快速变化的商业环境中保持竞争优势。

第五节　共赢思维：构建生态合作网络

在战略布局中，成功者不仅关注自身的壮大，更擅长通过构建生态合作网络，实现与合作伙伴的共赢。这种共赢思维，不仅提高了资源配置的效率，还对整个行业的健康发展起到了积极的推动作用。本节将深入探讨共赢思维的重要性，结合理论阐述与具体实践，揭示如何运用共赢思维，构建强大的生态合作网络。

一、共赢思维是构建生态合作网络的核心

共赢思维是战略部署中不可或缺的关键思维。它着重于在合作中发掘共同利益，借助资源共享与优势互补，达成双方的互利共赢。这种思维不仅助力企业提升竞争力，还对整个行业的正向发展有积极影响。

首先，共赢思维有助于优化资源配置。在构建生态合作网络的过程中，企业可以与合作伙伴共享资源，如技术、资金、市场等，从而降低运营成本，提高资源利用效率。这种资源共享的模式，有助于形成互补优势，增强整个行业生态链的竞争力。

其次，共赢思维有助于推动技术创新。通过与科研机构、高校等建立合作，企业能获取前沿科研成果和技术援助，促进技术创新与产品迭代。同时，合作伙伴的参与也有助于拓宽企业的技术视野，激发创新思维，推动整个行业的科技进步。

最后，共赢思维还有助于提高服务质量。在构建生态合作网络的过程中，企业可与渠道商、服务商紧密协作，携手提高服务质量。这种合作方式可以促进服务协同，提升客户满意度，进而增强企业的市场竞争优势。

总之，共赢思维不仅是构建生态合作网络中的核心理念，也是所有追求可持续发展的企业应当秉持的重要原则。通过共赢合作，企业能够跨越传统

的竞争界限，实现资源的有效整合与优势的相互补充，从而驱动整个行业向协同创新与持续发展迈进。在未来，随着市场竞争的加剧和技术的不断进步，共赢思维将更加凸显其重要性，成为企业构建强大生态合作网络、实现长远发展的关键所在。

二、共赢实践：构建生态合作网络的具体策略

在当前全球经济一体化不断深化的背景下，企业间的竞争逐渐演变为生态链之间的竞争格局。共赢思维作为构建生态合作网络的核心理念，正日益成为众多企业追求可持续发展的关键途径。下面将详细探讨构建生态合作网络的具体策略，以助力企业实现共赢发展，并为整个行业的协同创新提供坚实支持。

1. 建立开放的合作平台

通过构建开放的合作平台，我们能够积极吸引合作伙伴加入生态链体系。这些平台涵盖技术研发、资源共享、市场推广等多个维度，旨在为合作伙伴提供全面且深入的支持与服务。借助这些平台的建立，我们与合作伙伴能构建起坚实且紧密的合作关系，共同促进生态链的繁荣与进步。

2. 制定共赢的合作机制

在构建生态合作网络的过程中，我们需要制定明确的合作机制和利益分配方案。这些机制通常包括资源共享机制、协同创新机制、利益分配机制等，确保合作伙伴在合作过程中能够获得实际利益。同时，通过定期沟通和评估等手段，保障合作机制的顺畅执行。

3. 加强人才培养和引进

人才是构建生态合作网络的基石。因此，我们必须加大对人才培养和引进的力度，以组建一支既具备创新精神又拥有实践操作能力的高素质团队。这些人才不仅拥有专业的知识和技能，还具备强烈的合作意识和团队精神，能够推动生态链的持续发展。

4. 推动跨界融合与创新

在构建生态合作网络时，我们应积极寻求跨界融合与创新的机会。通过与不同行业的伙伴携手，我们不仅能拓展业务范围，发掘新的增长潜力，还

能借助跨界融合激发创新灵感，加速产品与服务的迭代与升级。

共赢思维是构建生态合作网络中的重要理念。通过运用这一思维，我们能够与合作伙伴形成紧密的合作关系，共同应对市场挑战，实现双方的共同成长。在未来的发展道路上，我们应继续坚持共赢思维，加强生态合作网络的建设，以推动整个行业的健康与持续发展。

第五章

创新思维：成功者的创意迸发

创新思维是推动社会进步与发展的关键力量。成功者之所以能在众多竞争者中脱颖而出，关键在于他们拥有独特的创意迸发能力。本章将深入探讨他们如何运用逆向思维、问题重构等策略，持续激发新的灵感与创意，帮助我们掌握创新思维的核心要义，学会如何在工作与生活中灵活运用，以成为新时代的创新能手。

第一节　创新灵感：激发潜能创造新价值

在快速变化的时代洪流中，成功者之所以能脱颖而出，不仅因为他们拥有深厚的专业知识，更因为他们内心始终涌动着创新的思维。创新灵感是成功者突破常规、探索未知、创造前所未有的价值的驱动力。这不是偶然的灵光一现，而是深厚积累与敏锐洞察力相互碰撞的必然产物。本节将深入探讨如何激发个人潜能，让创新灵感源源不断地涌现，从而在各自的领域内开创全新的局面。

一、创新灵感的来源

创新灵感并非凭空而来，而是深深植根于理论与实践的沃土之中。它是认知多样性、持续好奇心与探索欲，以及开放包容环境共同作用的结晶。

首先，认知多样性是激发创新灵感的核心。成功者通常拥有广泛的知识面和跨领域的认知框架，这使得他们能够从不同角度审视问题，发现常人难以察觉的联系与可能。正如爱因斯坦所言："想象力比知识更重要，因为知识是有限的，而想象力概括了世界的一切，推动着进步，并且是知识进化的源泉。"

其次，创新灵感源于持续的好奇心与探索欲。成功者对未知世界保持孩童般的好奇心，不断提问、质疑、尝试。这种不懈的探索精神是他们能够不断突破自我，发现新大陆的内在动力。好奇心促使他们跳出舒适区，勇于面对失败，将挑战视为成长的契机。

最后，创新灵感还需要一个开放包容的环境作为土壤。鼓励试错、尊重多元意见的组织文化能够激发团队成员的创造力，促进新想法的自由流动与碰撞。在这样的氛围中，即使是微小的创意火花也能迅速燎原，成长为改变世界的伟大创新。

总之，创新灵感的涌现是认知多样性、持续好奇心与探索欲，以及开放包容环境共同作用的结果。它们相互交织、相互促进，共同构成了创新灵感的理论根基与实践交融。在未来的发展中，我们应继续深化对创新灵感的研究与实践，不断激发个人与团队的潜能，创造出新的价值，为社会的进步与发展作出积极贡献。

二、如何将创新灵感转化为实际行动

创新灵感宛若种子，唯有将其播撒于实践的沃土之中，方能生根发芽，茁壮成长。然而，将灵感转化为实际行动并非易事，它要求我们采取一系列具体而有效的策略。这些策略不仅有助于我们更好地捕捉和激发创新灵感，还能确保这些灵感能够转化为实际成果，为个人和组织带来真正的价值。

1. 建立个人知识库

通过广泛阅读、学习，不断拓宽视野。利用数字工具如在线课程、专业论坛等，紧跟行业动态，吸收前沿思想。同时，培养批判性思维，学会从不同角度分析问题，挑战既有观念，这是创新灵感萌发的催化剂。通过不断学习和思考，我们能够积累更多的知识和经验，为创新提供坚实的理论基础。

2. 积极实践“微创新”

不必等到完美方案才行动，要善于从日常小事做起，不断尝试、调整，逐步累积经验。“微创新”不仅能够快速验证想法的有效性，还能在实践中激发更多灵感，形成良性循环。通过不断实践与调整，我们能逐步探寻出最适合自身的创新之道。

3. 构建创新社群

定期与志同道合者交流碰撞，无论是内部团队还是行业社群，都能够发挥集体智慧的力量。定期举办头脑风暴会议、创意工作坊，鼓励团队成员分享见解，即使是看似不相关的想法也可能激发出意想不到的创意火花。通过与他人的交流与协作，我们能够扩展思维深度，发掘更多的创新机遇。

4. 设置“创新时间”

给予自己或团队专门的时间段，远离日常工作的干扰，专注于深度思考与创意孵化。这段时间可以是独自冥想，也可以是小组共创，关键在于创造一个无压力、自由发挥的环境，让灵感自由流淌。通过专门的创新时间，我们能够更加专注于创新思考，提高创新效率和质量。

创新灵感是攀登高峰的翅膀，它让平凡变得非凡，让不可能成为可能。通过实施一系列具体实践策略，每个人都能在内心深处点燃那盏创新的明灯。在这个快速变化的时代，让我们拥抱变化，勇于探索，让创新灵感成为推动个人成长与社会进步的强大力量。卓越的人之所以卓越，不仅在于他们站得高，更在于他们想得远、做得新。在创新的征途上，每个人都是潜力无限的探索者，让我们携手前行，共创未来。

第二节　逆向思维：挑战传统寻找新突破

逆向思维鼓励我们从对立面审视问题，敢于挑战现有的规则与观念，从而发现前所未有的新机遇。逆向思维不仅是对传统思维的挑战，更是对创新潜力的深度挖掘。本节将深入探讨逆向思维的理论基础与实践应用，揭示如何在逆境中寻找新突破，创造非凡价值。

一、逆向思考是一种颠覆性的思维方式

面对困境和挑战时，只有敢于逆向思考，才能找到突破困境的新路径，实现真正的成长与超越。

逆向思维，是一种颠覆性的思维方式。在复杂多变的世界中，常规思维往往只能带领我们走向已知的路径，而逆向思维则是那把开启未知大门的钥匙。它要求我们从相反或对立的角度审视问题，颠覆传统认知，从而发现前所未有的解决方案。成功者往往擅长运用逆向思考，以独特的视角洞察事物的本质，开辟出全新的道路。

首先，成功者在运用逆向思维时，敢于挑战常规，颠覆传统认知。他们不拘泥于既定的框架和规则，而是勇于跳出舒适区，以全新的视角审视问题。例如，在商业领域，面对激烈的市场竞争，一些企业领导者选择逆向思维，不再单纯追求市场份额的扩张，而是转而聚焦于提升产品和服务的质量，以差异化竞争策略赢得消费者的信赖与喜爱。这种颠覆传统的策略，往往能够让他们在市场中脱颖而出，实现弯道超车。

其次，成功者善于运用逆向思维进行反向推理，从结果出发，逆向追溯问题的根源。他们不拘泥于问题的表面现象，而是深入剖析，寻找问题的本质所在。在科研领域，许多重大发现都源于科学家的逆向思维。他们不再局限于传统的实验方法和理论框架，而是从相反的角度提出问题，通过反向推

理和实验验证，最终揭示出科学现象的本质规律。这种逆向推理的能力，是成功者在科研道路上不断取得突破的关键。

再次，成功者在运用逆向思维时，表现出卓越的灵活应变特质。他们擅长根据环境变化和问题特性，敏捷地调整思考路径与策略。特别是在竞技体育中，顶尖运动员常常展现出非凡的逆向思维能力。他们不仅熟悉对手的战术和风格，更能在比赛中迅速识别对手的弱点，通过逆向思维制定出针对性的战术安排，从而取得比赛的胜利。这种灵活应变的能力，是成功者在竞技场上立于不败之地的重要保障。

最后，成功者运用逆向思维的最高境界在于能够预见未来，引领潮流。他们通过对当前趋势的逆向分析，洞察未来的发展方向和潜在机遇。在科技领域，一些创新企业领袖通过逆向思维，预见了未来科技的发展趋势，从而提前布局，引领行业潮流。他们的逆向思维不仅为企业带来了巨大的商业价值，更为整个社会的进步和发展作出了重要贡献。

总之，逆向思维不仅是一种独特的思维方式，还是一种深思熟虑的战略抉择。它要求我们从相反或对立的角度审视问题，颠覆传统认知，以独特的视角洞察事物的本质。不断挑战自我，突破常规，最终开辟出全新的道路。

二、如何将逆向思维应用于实践

在日常工作中，我们常常被传统观念和固有思维束缚，难以看到问题的另一面。而逆向思维能够帮助我们打破常规，实现创新和突破。将逆向思维应用于实践，可以参考一系列具体而有效的做法。

1. 培养逆向思维习惯

在日常生活中，我们可以尝试从相反的角度看待问题，如“如果这样做不行，那反过来会怎样”。通过持续的练习，我们可以逐渐养成逆向思维的习惯，进而提升思维的灵活度和创造力。这种习惯一旦形成，将帮助我们在面对挑战时迅速超越传统思维模式，探索出新颖的解决之道。

2. 运用逆向创新工具

例如，逆向运用SWOT分析（优势、劣势、机会、威胁）法，即先列出企业的劣势和威胁，然后思考如何通过创新将其转化为优势和机会。此外，还可以运用五力模型进行逆向剖析，即从供应商、消费者、新进入者、替代产品及同行业竞争者的视角出发逆向思考，以发掘新的商业模式和潜在市场机遇。这些工具的应用，为我们提供了逆向思维的框架和方法，帮助我们更深入地洞察问题的本质。

3. 鼓励团队内的逆向讨论

在团队会议中，设立专门的逆向讨论环节，鼓励成员从不同角度提出问题，挑战既有观念。通过团队成员之间的思想交流与观点碰撞，能够激发更多创新的灵感与有效的解决方案。这种讨论氛围的营造，有助于打破团队内的思维定式，促进思维的多元化和开放性。

4. 实施逆向项目管理

在项目管理中，我们可以从项目目标出发，逆向推导项目计划、资源配置和风险管理策略。这种方法有助于我们更全面地考虑项目实施的各个环节，提前预见潜在问题并制定应对措施。通过逆向项目管理的实施，我们能够更加高效地推进项目进程，确保项目的顺利实施和成功交付。

逆向思考作为成功者的创意迸发之源，不仅挑战了传统思维模式，更为我们提供了发现新突破、创造新价值的强大武器。在未来的工作中，我们要勇于挑战既定规则，敢于从相反的角度审视问题，用逆向思维点燃创新的火花。

第三节　问题重构：重新定义问题激发灵感

面对复杂多变的问题，成功者往往能够跳出传统思维的框架，通过问题重构，发现全新的解决路径。问题重构，简而言之，就是改变我们看待问题的视角，重新界定问题的本质，这一过程如同为思维插上了自由翱翔的翅膀。它不仅能够帮助我们突破认知局限，更能激发前所未有的灵感火花，引领我们走向未曾想象的成功之路。本节将深入成功者的思维核心，分析问题重构技术。

刘永坦院士是当代科技创新的杰出代表。20世纪70年代，他在英国留学期间接触到了先进的雷达技术，并立下宏愿，决心让祖国也掌握这一先进技术。

回国后，刘永坦院士面临的挑战是构建新体制雷达这一世界级难题，而且当时国内缺乏理论基础。在这样的背景下，刘永坦院士带领团队无数次提出设想，总结实践经验，根据数万个测试数据，最终成功完成了“新体制雷达关键技术及方案论证”，为设备的后续研发奠定了坚实的基础。

一、问题重构是一种创新的思维方式

刘永坦院士的成功，很大程度上得益于他对问题的重新定义和重构。面对传统雷达技术的“盲区”，他并未局限于现有的技术框架，而是敢于挑战，提出了全新的雷达体制构想。这种重构问题的思维方式，使他能够跳出传统思维的束缚，从更广阔的视角审视问题，从而找到了解决问题的新路径。面对挑战和困难，他领导团队持续探索和实践，不断总结经验、优化方案，最终实现了技术上的重大突破。这种对创新的执着和坚持，是他在科技创新领域取得卓越成就的关键。

刘永坦院士的故事告诉我们，面对复杂问题时，我们应勇于重新定义和

重构问题，摆脱传统思维的限制，从更广阔的视角审视问题。同时，我们也需要具备对创新的执着追求和持之以恒的精神，不断尝试和实践，才能找到解决问题的新路径，实现技术的突破和创新的飞跃。

问题重构作为一种创新的思维方式，正逐渐成为我们应对挑战、寻求突破的关键。问题重构不仅是对现有问题的重新诠释与定义，更是对认知边界的拓展与超越。它要求我们勇于跳出思维定式，以全新的视角审视问题，挖掘其本质，并通过跨界融合激发前所未有的创意火花。

第一，解锁认知，跳出思维定式。

问题重构的第一步是解锁认知，打破既定的思维模式。人们往往习惯于用既定的框架去解读世界，这种思维定式虽能带来效益，却也限制了创造力的发挥。成功者懂得如何主动跳出这种舒适区，以开放的心态接纳新信息，勇于质疑既有观念。正如爱因斯坦所言："我们不能用制造问题时的同一水平思维来解决它。"因此，问题重构要求我们学会从不同角度审视问题，甚至故意寻找反例，以此激发新的思考路径。

第二，洞察本质，挖掘深层需求。

在重新界定问题的过程中，表面问题的背后往往掩藏着更为深层的需求或根源。成功者擅长通过现象看本质，运用批判性思维剖析问题的根源，从而找到解决问题的核心所在。这种能力建立在深厚的行业认知与敏锐的洞察力基础之上。通过不断追问"为什么"，成功者能够逐步剥离表象，直达问题核心，为创新提供坚实的基础。

第三，跨界融合，激发创意火花。

不同领域的知识、技术和思维方式相互碰撞，往往能激发出前所未有的创意。成功者善于打破学科界限，将看似无关的元素巧妙结合，创造出全新的解决方案。这种跨界思维要求个体具备广泛的知识面和强烈的好奇心，能够迅速吸收并整合不同领域的信息，为问题重构提供丰富的素材和灵感来源。

因此，掌握问题重构的能力，对于提升我们的创新能力、应对复杂问题具有重要意义。在未来的实践中，我们要深入探索问题重构的更多可能性，为社会的进步与发展贡献我们的智慧与力量。

二、问题重构的有效策略与方法

在解决问题的道路上，有效的策略与方法往往能够使工作事半功倍。接下来，将深入探讨几种创新的问题重构策略，旨在帮助我们在面对复杂挑战时，能够迅速洞察问题的核心，拓宽思考的路径，并提出更具创新性和可行性的解决方案。通过综合运用这些策略，我们不仅能够加深对问题的认识，还能激发团队的创新潜能，推动项目成功向前推进。

1. 运用“5W1H”法深化理解

实施问题重构时，可以借鉴“5W1H”（What、Why、Who、When、Where、How）法来深化对问题的理解。通过持续地提出这些基本问题，我们能够从多个角度审视问题，发现那些被忽略的细节和潜在的机会。例如，在面对一个产品设计问题时，我们不仅要问“产品是什么”，还要探究“为什么用户需要它”“谁会是最终用户”“何时何地会使用”“如何实现最佳用户体验”。这样的分析过程能够引导我们更全面地理解问题，为问题重构奠定坚实的基础。

2. 逆向思维：反向推导解决方案

逆向思维是问题重构中的一个强大工具。它要求我们从目标出发，反向推导出实现路径，这种逆向推理的过程往往能揭示出传统正向思维难以触及的解决方案。例如，在解决城市交通拥堵问题时，与其一味地增加道路容量，不如逆向思考，通过优化公共交通系统、鼓励远程办公、推广共享出行等方式减少私家车的使用，从根本上缓解拥堵。逆向思维鼓励我们跳出常规逻辑，寻找更加高效、创新的解决方案。

3. 角色扮演：换位思考寻找新视角

角色扮演是一种有效的心理模拟技巧，通过扮演不同角色（如用户、竞争对手、利益相关者等），可以帮助我们跳出自我视角，从多个角度审视问题。这种方法能够促进同理心的培养，使我们更加贴近用户需求，发现潜在痛点。例如，在设计一款教育软件时，开发者可以通过扮演学生、家长和教师的角色，深入体会他们的实际需求与痛点，以此设计出更符合用户心理的产品。这种角色扮演的方式不仅扩展了思考维度，还为创新问题解决方案提供了丰富的灵感源泉。

问题重构作为创新思维的重要实践，是激发灵感、突破常规的关键策略。通过解锁认知、洞察本质、跨界融合，我们不仅能够重新定义问题，还能在解决问题的过程中发现新的机遇。通过实施问题重构策略，能够帮助我们在实际操作中更好地实施问题重构。正是因为成功者拥有重新定义问题的勇气和智慧，才能在创新的道路上越走越远，不断开创未来。

第四节　用户体验：以用户为中心创新设计

创新远不止于技术的飞跃或产品的更新换代，它更是一种深邃的思维模式，贯穿于每一个决策和每一项设计之中。用户体验作为评判产品成功与否的核心标准，为创新者们提供了一个展示其创新思维的宽广平台。他们以用户为本，洞悉需求，预见未来趋势，通过精致入微的设计，让每一次交互都成为情感与智慧的交融。本节将深入探讨用户体验在设计思维中的核心地位，揭示如何在用户体验的细微之处点燃创意的火花。

一、用户体验：以人为本的设计哲学

用户体验是指用户在使用产品或服务时的整体感受及满意度水平。在成功者看来，用户体验不仅关乎产品的外在呈现，更是其内在价值的重要展现。以用户为核心的创新设计理念，促使设计师从用户的角度出发，深入洞察他们的需求、期望及痛点，旨在打造出真正贴合用户需求的产品。

首先，用户体验设计秉承以人为本的原则。这意味着设计师需聚焦于用户的心理需求、行为模式及情感诉求，通过融入人性化的考量，使产品与用户间建立深厚的情感纽带。例如，在智能家居领域，专业人士运用智能识别、语音控制等先进技术，使家居设备更好地适应用户的生活习惯，实现了从“人适应设备”到“设备适应人”的转变。

其次，用户体验设计注重细节的优化和创新。成功者深知，细微之处往往决定着产品的成败。因此，他们会在产品的每一个细节上下功夫，从色彩搭配、字体选择到交互流程的设计，无不体现出对完美的追求。这种对细节的严苛把控，不仅提升了产品的整体品质，也进一步增强了用户的满意度与忠诚度。

最后，用户体验设计强调持续地迭代与改进。成功者深知，任何产品都需经过不断的打磨与完善，方能不断提升用户体验。因此，他们构建了一套高效的用户反馈体系，主动收集并深入分析用户意见与建议，据此不断对产品设计进行调整与优化。这种持续迭代升级的理念，正是他们在激烈的市场角逐中保持领跑地位的核心要素。

二、以用户为中心的创新设计路径

真正的创新并非凭空臆造，而是深深根植于对用户需求和期望的深刻理解之中。因此，我们需要通过一系列精心设计的实践策略，将这一理念转化为切实可行的具体做法，为用户创造更加卓越的产品体验。

1. 构建精准用户画像，洞察用户深层需求

通过利用市场调研、用户访谈等多种手段，广泛收集用户信息，并在此基础上构建细致入微的用户画像。这些画像不仅涵盖了用户的年龄、性别、职业等基本属性，更深入挖掘了他们的兴趣、习惯及潜在需求。通过这些画像，我们能够准确把握用户的心理和行为特点，为产品设计提供科学依据，确保产品能够真正满足用户需求。

2. 实施用户测试，验证并优化产品原型

在产品设计过程中，精心制作多个产品原型，并通过严格的用户测试来验证其可行性和用户体验。这些测试不仅关注产品的功能和性能表现，更细致入微地捕捉用户在使用过程中的感受和反馈。通过测试，我们能够及时发现并解决产品中存在的问题和不足，从而不断提升用户体验，确保产品能够在激烈的市场竞争中脱颖而出。

3. 优化交互设计，打造流畅愉悦的用户体验

交互设计是提升用户体验的核心要素。因此，我们可以在产品的交互流程、界面布局、操作方式等方面下功夫，力求为用户打造一种流畅、便捷且愉悦的使用体验。例如，在移动应用设计中，通过简化操作流程、优化界面布局等手段，提高用户的使用效率和满意度，让用户在每一次操作中都能享受到便捷与愉悦。

4. 融入情感元素，打造有温度的产品体验

用户在使用产品时，除了功能需求外，更注重情感体验。因此，我们可

以在产品设计中巧妙融入更多的情感元素，如温馨的提示语、个性化的定制服务等。这种充满温度的产品体验，不仅能增强用户的满意度与忠诚度，还能为品牌树立良好的口碑与形象。

用户体验是创新设计的灵魂。成功者善于以用户为中心，通过深入洞察需求、优化细节设计、持续迭代优化等手段，不断提升产品的用户体验。这种以用户为中心的创新设计理念，不仅让企业在市场竞争中脱颖而出，更为整个行业树立了新的标杆。

第五节　持续优化：不断追求创新

在快速变化的时代浪潮中，唯有勇于突破自我，持续地进行优化与创新，才能维持自身的竞争优势。对于成功者而言，创新是从平凡中提炼非凡，在常规里发现新奇的艺术。本节将深入探讨如何通过持续的自我优化，构建具有生命力的创新生态系统。

东汉时期的杰出发明家蔡伦，以其对造纸术的革新而闻名于世。在那个以竹简、丝帛作为主要书写材料的时代，蔡伦深感其不便与昂贵，决心寻找一种更为廉价、实用的书写材料。

蔡伦并未满足于现有的造纸技术，而是不断尝试与改进。他深入民间，了解各种纤维的特性和造纸工艺，经过无数次的试验与失败，终于发现用树皮、破布、麻头等植物纤维为原料，经过挫、捣、炒、烘等工艺，可以制造出质地优良、价格低廉的纸张。这一创新不仅极大地降低了书写成本，还推动了文化的传播与文明的进步。

蔡伦的造纸术不仅在当时引起了轰动，更对后世产生了深远的影响。他的创新精神与卓越成就，使他成为中国古代科技史上的传奇。蔡伦并未因一次的成功而满足，他继续探索与实践，不断完善造纸工艺，力求达到极致。

一、在持续优化中追求极致

蔡伦的故事告诉我们，创新并非一蹴而就，而是需要不断追求与坚持。他敢于打破常规，勇于尝试新事物，最终实现了造纸技术的飞跃。蔡伦的造纸术不仅仅是一项伟大的发明，更是一种精神的象征，激励着后人不断追求创新的极致，为人类的进步与发展贡献力量。

创新思维的核心在于通过持续地优化，追求卓越，而不仅仅是追求新奇。这一理念超越了创新的表象，深入挖掘在现有基础上的提升与迭代，致力于创造真正的价值。

从认知的角度来看，成功者拥有敏锐的洞察力，能迅速识别问题的核心，以此为起点，探索改进的可能性。他们不仅擅长从成功案例中提炼经验，更能够从失败中深刻吸取教训，将每一次尝试都视为向更高境界迈进的一次宝贵机会。这种对问题的深度理解和持续改进的决心，构成了成功者创新思维的基石。

在方法论上，成功者采用迭代式创新策略，通过快速原型制作、测试反馈、调整优化的循环过程，不断接近最佳解决方案。这种模式不仅提高了创新的效率，还确保了创新的实用性与可持续性，真正实现了从理论到实践的转化。

此外，成功者擅长整合内外部资源，包括人才、技术、资金等，形成强大的创新合力。他们构建开放合作的创新生态系统，鼓励团队成员间的知识共享与思维碰撞，从而激发更多创意火花。这种开放且包容的文化环境，为成功者的创新探索持续不断地注入动力。

总之，在创新思维的引领下，成功者不断挑战自我，追求卓越。正是这种对极致的不懈追求，让他们在各自的领域内脱颖而出，成为引领时代潮流的先锋。未来，随着科技的飞速发展和社会的持续进步，成功者的创新思维与持续优化精神将继续照亮前行的道路，为人类社会的进步贡献更多智慧与力量。

二、构建敏捷反馈，驱动创新前行

在推进创新项目的过程中，我们不仅追求创新的速度，更注重创新的精准度与实用性。通过建立快速反馈循环，我们能够确保及时从市场、从用户那里获取第一手信息，为策略调整提供有力支持。这种敏捷的反馈机制，成为我们在创新道路上持续前行的强大引擎。

1. 建立快速反馈循环，紧贴实际需求

在实施创新项目时，可以建立高效的反馈机制，包括定期的市场调研、用户访谈、数据分析等，确保创新方向始终贴近实际需求。这种紧密的反馈循环，使我们能够迅速识别市场变化，及时调整策略，保持创新项目的生命力。

2. 鼓励内部创业与试错，点燃创新火花

为激发员工的创新思维，企业可设立内部创业基金，积极鼓励员工提出并实践创新项目，同时建立容错机制以减轻创新风险。即便项目失败，也能从中学习，快速迭代。这种允许适度试错的文化氛围，让员工敢于突破常规，勇于尝试新事物，为团队注入了源源不断的创新活力。

3. 跨领域融合，拓宽创新视野

真正的创新灵感常源自不同学科与领域的交汇点。因此，我们可以积极推动跨学科合作，鼓励团队成员学习新知识，拓宽视野。这种跨领域的融合，不仅拓宽了创新的边界，还发现了前所未有的创新机会，为团队带来了更多可能性。

4. 持续学习，保持思维敏锐

我们应视学习为终身事业，通过阅读、培训、交流等多种方式，不断吸收新知识、新技能。这种不懈的学习精神，确保我们的思维始终保持敏锐与开放状态，为创新活动奠定了坚实的基础。

5. 利用技术赋能，加速创新进程

在数字化时代的大潮中，我们必须精通运用大数据、人工智能等尖端技术，以优化创新流程，提高创新效率与质量。通过数据分析洞察市场趋势，利用人工智能辅助决策，加速创新成果的转化与应用。这种技术深度赋能的创新模式，无疑将使我们在竞争激烈的市场环境中稳操胜券，持续保持领先地位。

持续优化，不仅是对既有成果的反复打磨，更是对未知领域的勇敢探索，可以带来巨大的变革力量。在这个快速变化的时代，唯有持续优化，不断追求极致，我们才能在创新的浪潮中乘风破浪，成为引领未来的成功者。

第六章

领导之力：成功者的引领之道

在攀登职业巅峰的征途上，领导才能宛如指引方向的灯塔，照亮我们前进的道路。本章将深入探讨领导力的精髓，揭秘成功者如何在复杂多变的环境中运筹帷幄，引领团队破浪前行。无论是决策的智慧、沟通的艺术，还是激励的手段、变革的勇气，领导力的每个细节都蕴含着深厚的智慧与力量。让我们一同走进成功者的引领世界，学习如何在挑战中成长，在困境中突破，最终成就一番非凡事业。

第一节　愿景引领：塑造团队的共同目标

团队之舟，若无愿景之舵，则易迷失方向。愿景是团队前行的灯塔，它不仅为团队提供了明确的方向，更是塑造团队共同目标的核心要素。一个深入人心、鼓舞人心的愿景能够激发成员的潜能，增强团队凝聚力，使团队在面对挑战时更加坚韧不拔。本节将探讨如何构建清晰的共享愿景，确保成员理解并认同，从而增强团队的凝聚力。

茅忠群，方太的创立者，于创业之初便确立了企业的长远目标：构筑中国家电领域内首个属于国人的高端品牌。这一愿景如同灯塔，指引着整个团队不断前行。茅忠群深知，要实现这一愿景，团队必须拥有共同的信念和目标。因此，他不仅在产品开发上追求卓越，更注重企业文化的塑造。

自2008年起，茅忠群在方太广泛融入中华传统文化精髓，把儒家“仁、义、礼、智、信”融入企业价值观，并采取每日研读国学著作、设立“儒学讲堂”等措施，深化员工对这些观念的认知与实践。这一举措不仅提升了员工的文化素养，更重要的是，它凝聚了团队的力量，使大家朝着共同的目标努力。

茅忠群认为，企业的成功不仅仅是经济上的成就，更是社会责任感和员工幸福感的体现。所以，他确立了“提升家的温馨感”为企业使命，努力提供卓越的产品与服务，旨在增进顾客及其家庭的幸福感。

在茅忠群的带领下，方太团队不断创新，推出了“不跑烟”油烟机、水槽洗碗机等一系列领先产品，赢得了市场的广泛认可。更重要的是，团队内部的凝聚力和向心力不断增强，每个人都为实现企业的愿景贡献着自己的力量。

一、愿景是构建团队灵魂的基石

茅忠群与方太厨具的成功实践，深刻揭示了明确愿景对于团队发展的重要性。一个清晰、共享的愿景如同磁石，吸引着团队成员的心智与力量，激发他们的潜能与创造力。当每位成员都深刻理解并认同这一愿景，将其转化为个人的奋斗目标时，企业便汇聚起一股不可小觑的合力。这股驱动力促使企业勇于超越自我界限，积极创新求进，在激烈的市场角逐中彰显卓越，不断开创着崭新的荣耀历程。茅忠群的故事，是对“愿景引领，共创辉煌”这一理念的生动注解。

在成功者看来，愿景既是团队前行的指引明灯，也是塑造团队内核的关键。他们拥有敏锐的洞见，能精准把握团队成长的要害。成功者明白，愿景凝聚着团队精神，是成员共同的信念与梦想。一个明确且共享的愿景能唤起团队成员的共鸣，促使众人思想统一、行动协同。成功者确立并分享愿景，引领团队成员树立一致的价值认知和行为规范，进而打造出一个凝聚力强大的团队。

成功者不仅具备洞察力，更具备将愿景转化为团队凝聚力的实践能力。他们了解，愿景的强大之处在于它能团结众人，让团队成员紧密相连。成功者通过组织愿景研讨会、团队建设活动等方式，让团队成员深入理解并认同愿景，从而激发出团队成员对团队的归属感和责任感。这种团结力不仅能帮助团队成员在挑战时彼此扶持、携手应对，还能激发成员的创新能力与奉献精神，促使团队持续进步。

成功者既重视团队的团结性，也着重培养团队的创新能力。他们深知，愿景不仅为团队提供了方向，更为团队成员提供了无限的想象空间。成功者通过设定富有挑战性的愿景，激发团队成员的求知欲与创新精神，鼓励他们不断尝试新的思路与方法。同时，成功者还会通过提供资源与支持，为团队成员创造有利于创新的环境与条件。这样的氛围不仅助力团队成员个人能力的提升，也激发了团队整体创造力的飞跃。

愿景是塑造团队精神的基石。在杰出领导者的引领下，团队成员将团结一心追求目标，共同书写团队的辉煌篇章。

二、如何运用愿景引领团队

对于普通人而言，运用愿景来引领团队并非遥不可及。通过掌握以下五种实用方法，可以将愿景转化为团队的实际行动，激发团队的潜能，共同迈向成功。

1. 明确愿景，清晰传达

作为团队的领导者，需要明确团队的愿景，并将其清晰地传达给每一位团队成员。这可以通过组织愿景研讨会、编写愿景宣言或制作愿景海报等方式实现。明确的愿景不仅为团队指明了前进的方向，还能激发团队成员的共鸣与积极参与。

2. 建立愿景与个人目标的关联

将团队目标内化为每位成员的个人追求，是激发团队愿景引领作用的关键所在。领导者需要引导团队成员思考：实现团队愿景会如何助力我的个人进步与事业规划？当团队成员看到愿景与个人目标的关联时，他们会更愿意为实现愿景而付出努力。

3. 营造愿景实现的文化氛围

创造一个促进愿景达成的文化环境，对于激发团队成员的创新力与献身精神极为关键。领导者可以通过定期分享愿景实现的进展、表彰在愿景实现过程中表现突出的团队成员、举办愿景相关的文化活动等方式，来营造这种氛围。这样不仅能够增强团队成员的归属感与责任感，还能激发他们对愿景实现的热情与信心。

4. 制订详细的行动计划

愿景的实现需要具体的行动计划来支撑。作为团队成员，可以一起制订详细的行动计划，明确每个阶段的目标、任务与责任人。同时，还需要定期回顾与调整行动计划，确保它与愿景保持一致，并能够及时应对外部环境的变化。

5. 持续沟通与反馈

不断沟通与获取反馈是运用愿景指导团队不可或缺的过程。领导者需要与团队成员保持密切的联系，了解他们的想法与需求，及时解决他们在实现愿景过程中遇到的问题。同时，领导者还需要定期收集团队成员对愿景实现的反馈与建议，以便不断完善与调整策略与行动。

团队愿景既是引领前行的灯塔，也是凝聚团队精神的基石。它以其独特的魅力，激发团队成员的内在潜能，凝聚团队力量，指引大家共同迈向卓越。一个明确且被广泛认同的愿景，能激励团队成员思想统一、行动协同，汇聚成强大的力量，促使团队不断超越自我，迈向新的高度。因此，让我们珍视并践行愿景的力量，让它成为我们团队不断前行的强大动力。

第二节　沟通艺术：高效沟通的领导技巧

沟通，不仅是信息传递的桥梁，更是情感共鸣的纽带，它深刻影响着团队的凝聚力与执行力。一位卓越的领导者，必然是沟通的大师，懂得如何倾听团队成员的心声，如何精准传达愿景与期望，如何在复杂多变的环境中以高效沟通为武器化解冲突、激发潜能。本节将深入探讨高效沟通在领导工作中的作用，分析如何通过有效沟通提升团队工作效率与创新能力。

杨士奇，一生宦海沉浮，身为四朝重臣，其高超的沟通艺术备受赞誉。在明成祖朱棣统治时期，广东布政使徐奇负责管辖西南地区，他曾赠送当地特产给朝廷中的官员。有人将赠礼名单上报给皇帝，朱棣注意到名单上并未包括杨士奇，于是召见他询问缘由。杨士奇聪慧地答道："徐奇启程前往广东之际，众臣皆以诗文相赠以表饯别之情，那时我恰巧因病未能参与，因此唯独我的名字不在名单之上。再者，所赠之物皆微不足道，想必并无他意。"他的回答既客观又委婉，既表明了自己的立场，又避免了皇帝对小事过度猜忌，维护了朝廷的稳定。朱棣听后，非但没有责怪，反而下令烧毁了那份名单，显示了杨士奇沟通艺术的高超。

在另一件事情上，杨士奇的沟通技巧也表现得非常出色。明仁宗朱高炽登基之后，在关于服饰礼仪的议题上，大臣吕震上奏建议仁宗换上吉服，相反，杨士奇坚决主张应保持丧服。面对吕震的严厉责难，杨士奇并未动摇，而是坚持自己的立场，据理力争。最终，仁宗采纳了杨士奇的建议，认为在父亲成祖的棺木尚未安葬之际，自己不应易服。这一事件不仅彰显了杨士奇的忠诚与孝道，更体现了他敢于直言不讳，以国家社稷为重的沟通勇气。杨士奇因此得到明仁宗的赏识，被晋升为少保。

一、沟通艺术的核心要素与领导力提升

杨士奇的故事让我们深刻认识到，高效沟通不仅是技巧的展现，更是勇气与智慧的结晶。在领导者的角色中，沟通艺术如同一把利剑，帮助他们在复杂多变的环境中，披荆斩棘，引领团队稳健前行。只有深刻理解沟通的真谛，领导者才能有效地传达愿景，化解冲突，激发团队的潜能，共同开创更加辉煌的未来。

在沟通的艺术中，每一个细节都蕴含着智慧与策略，它们共同构成了领导力提升的基石。成功者深知，真正的沟通始于倾听。他们不仅用耳朵捕捉对方的言语，更用心去感受对方的情感与需求。在倾听的过程中，成功者展现出高度的专注与尊重，通过眼神交流、点头示意等非言语信号，向对方传达出“我在这里，我重视你”的信息。这种深度倾听，使他们能够准确捕捉对方的情绪变化与潜在需求，从而作出更加贴心的回应，构建起坚实的信任桥梁。这种信任，是领导力提升的基石，它让团队成员愿意追随，共同面对挑战。

成功者在沟通中追求表达的精准性，他们深知模糊的语言只会带来混乱与误解。因此，无论是口头还是书面沟通，成功者都力求言简意赅，避免冗长与复杂的表述。他们擅长借助比喻和讲述故事等技巧，把抽象理念具象化，让信息传递变得更为鲜活且易于理解。同时，成功者也注重语言的礼貌与得体，确保信息在传递过程中保持正面与积极的基调。这种精准的表达，不仅提高了沟通效率，也减少了误解与冲突，为团队的和谐氛围与高效协作奠定了坚实的基础。

成功者具备高超的情绪管理能力，他们能够在压力与冲突面前保持冷静与理性。当面对团队成员的负面情绪或争议时，他们通常不会立即作出反应，而是先深呼吸，让自己的情绪稳定下来。然后，他们会以客观、公正的态度分析问题，寻找共同点，提出解决方案。成功者深知，情绪化的沟通只会加剧矛盾，而冷静、理性的对话才是化解冲突、增进理解的关键。通过有效的情绪管理，成功者能够引导团队成员共同面对问题，寻找解决方案，从而增强团队的凝聚力与战斗力。

成功者在沟通中展现出高度的策略性，他们能够根据情境与对象的不

同，灵活调整沟通策略。面对不同性格、背景的团队成员，成功者会采用不同的沟通方式，如直截了当、委婉含蓄或是幽默风趣，以确保信息能够被有效接收与理解。同时，成功者也善于利用会议、团队活动等场合，营造开放、包容的沟通氛围，鼓励团队成员积极发言，共同为团队目标的实现贡献力量。这种策略性的交流方式，不仅加速了团队的决策进程，还增强了成员间的沟通与协作能力，为团队的成功构建了稳固的基石。

二、精通沟通技巧，铸就高效领导才能

不是所有人天生拥有领导魅力，但通过掌握沟通艺术，我们同样能够培养出高效的领导力。以下是六种实用的方法，能帮助我们提升沟通能力，成为团队中的佼佼者。

1. 积极倾听，建立信任

有效的沟通始于倾听。学会在交流中给予对方充分的关注，通过点头、微笑等非言语方式表达自己的理解与尊重。积极倾听不仅能帮助我们更好地理解对方的需求，还能建立起宝贵的信任关系，为高效领导力奠定基础。

2. 清晰表达，避免误解

在沟通中，清晰、简洁的表达至关重要。避免使用复杂或模糊的语言，尽量用简单、直接的方式传达自己的观点。这既能提升沟通速度，又能降低误解风险，保证信息的精准传达。

3. 学会提问，促进理解

提问是沟通中的一门艺术。通过提问，我们可以更好地了解对方的想法，同时也能引导对方深入思考，促进双方的理解与共识。掌握提出开放式问题的能力，激励对方提供更多资讯。

4. 注重反馈，持续改进

沟通是一个互动的过程，在对话里，我们要适时回馈对方，传达自己的见解与情绪。同时，也要勇于接受他人的反馈，将其作为改进自己沟通方式的宝贵资源。

5. 控制情绪，保持冷静

情绪化的交流通常成效不佳。在沟通中需掌握情绪管理，保持冷静与清

醒的头脑。当遇到冲突或分歧时，先深呼吸，冷静分析问题，再提出解决方案。

6. 培养同理心，增进理解

同理心是沟通中的润滑剂。试着从对方的视角出发思考，体会他们的情绪与需求。这不仅能增进相互间的理解，还能强化团队的和谐与协作能力。

总之，沟通艺术是领导力的重要组成部分，它不仅能够促进信息的准确传递，还能增进团队成员之间的理解与协作。通过不断实践与精进，我们都能成为高效沟通、富有影响力的领导者，共同开创更加辉煌的未来。

第三节　激励机制：激发团队潜能的策略

在追求卓越与效率的现代组织中，激励机制无疑是一把解锁团队无限潜能的钥匙。它不仅仅关乎物质奖励的堆砌，更是深层心理驱动与团队协作智慧的结晶。一个精心设计的激励机制，能够点燃成员内心的热情，促使他们在面对挑战时展现出前所未有的创造力与韧性。本节将讲述如何构建有效的激励策略，助力打造高效团队。

商鞅在秦国推行的二十等爵制，堪称古代激励机制的典范，对后世产生了深远的影响。商鞅变法的一项重要内容，是取消世袭官职制度，实施以军功为依据的二十级爵位制度。这一制度打破了贵族世袭的特权，使得普通士兵乃至平民百姓，只要立下军功，便有机会获得爵位及相应的物质奖励。

爵位的晋升标准清晰，斩获敌军甲士首级即可升级，这一机制极大地激发了秦国士兵的战斗意志与荣誉感。二十等爵制不仅关乎荣誉，更与士兵的实际物质利益紧密相连。不同爵位的士兵享有不同等级的岁俸、土地分配及仆人配备，这种“股权激励”式的设计，让士兵们看到了通过个人努力改变命运的希望。同时，商鞅还规定了严格的降爵继承制和身死田夺制，确保土地资源的循环利用，避免了因战功过多而导致的土地分配难题。

一、激励机制的奥秘：怎样让团队动力满满又高效

商鞅推行的二十等爵制不仅增强了秦军的战斗力，还在整个社会中营造了一种积极向上的氛围。它向每个人证明了，无论出身如何，只要勇于奋斗，就能获得应有的回报。这一理念历经千年，至今仍对现代团队管理具有深远影响：一个有效的激励机制应当既能够挖掘个人潜力，又能加强团队协作，共同推动组织向更高水平发展。

在成功者的眼中，激励机制不仅是管理团队的工具，更是激发团队潜

能、推动企业持续进步的关键动力。深入理解激励机制的核心原理与作用，是每个追求卓越的管理者必须具备的能力。

激励机制的核心在于“激发”与“引导”。人的潜能是无限的，但往往受环境、心态等因素限制。激励机制通过一系列精心设计的规则与奖励，唤醒团队成员的内在动力，引导他们朝着共同的目标努力。

一方面，激励机制的构建需要基于对人性深入的理解。人既有物质需求，也有精神追求。成功者在制订激励方案时，会综合考虑团队成员的多元化需求，设计出既能满足物质利益，又能触及精神层面的激励措施。结合这两种方法的策略，能够更全面地激发团队成员的积极性和创造力。

另一方面，激励机制强调公平性和透明度。成功者明白，一个不公平或模糊的激励体系，不仅会削弱团队成员的信任感，还可能引发内部矛盾与冲突。因此，他们会确保激励标准明确、过程公开、结果公正，让每位团队成员都能清晰地看到努力与回报之间的正相关性。

激励机制的效果，主要体现在增强团队凝聚力、激发创新活力与推动组织变革三个方面。

在增强团队凝聚力方面，激励机制通过共享的目标与愿景，让团队成员紧密相连。成功者会巧妙地利用团队荣誉、集体奖励等手段，增强团队成员的归属感与责任感，使团队成为一个坚不可摧的整体。

在激发创新活力方面，激励机制鼓励团队成员积极尝试、勇于突破。成功者会设立创新奖励、包容失败的机制等，为团队成员打造一个宽松且包容的创新氛围。这种积极鼓励能够挖掘团队成员的创造潜力，引领团队持续进步。

在推动组织变革的过程中，激励机制扮演着至关重要的推动作用。成功者会利用激励机制引导团队成员接受新观念、适应新环境、掌握新技能。通过持续的激励与引导，使团队成员在变革中保持积极向上的态度，共同推动组织向更高层次发展。

激励机制的核心原理和效果，是成功者管理团队、激发团队潜能的重要法宝。深入理解并灵活运用这一策略，将帮助管理者在团队管理中游刃有余，推动企业不断向前发展。

二、简单几步构建卓越的激励体系

对于大多数人来说，构建一个有效的激励体系可能看起来很复杂，但实际上只要掌握正确的方法，就能轻松上手。以下四个步骤，将指导我们从实际出发，构建一个既符合团队特色又能激发潜力的激励体系。

1. 明确目标与期望

构建激励体系的首要步骤是明确团队的目标与期望。虽然我们可能没有大型企业那样完善的激励体系，但我们可以通过深入与团队成员沟通，了解他们的职业规划与个人需求，将团队目标与个人目标相结合，制订出既符合团队利益又能促进个人发展的激励方案。

2. 个性化激励设计

激励体系的设计应当体现个性化。每个人的需求与动机都是独一无二的，因此，在构建激励体系时，我们需要考虑团队成员的多元化需求，设计出具有针对性的激励措施。例如，对于那些追求物质利益的成员，可以提供绩效奖金、晋升机会等激励；对于那些更看重精神层面的成员，则可以提供培训机会、荣誉表彰等。

3. 定期评估与调整

激励体系不是一成不变的，它需要根据团队的成长和成员的变化而不断调整。我们需要定期收集团队成员的反馈意见，对激励体系进行评估与优化。通过持续的改进，确保激励体系能够不断激发团队成员的积极性与创造力。

4. 营造正向氛围

构建有效的激励体系还需要营造一个正面的团队环境。我们可以通过组织团队活动、分享成功事例、奖励杰出员工等方法，增进团队成员间的互信与合作，让团队成员在积极向上的环境中持续成长与进步。

通过精心设计的激励体系，我们不仅能够激发团队成员的内在动力，还能在合作与竞争中不断挖掘团队的无限潜能。最终，一个充满活力、高效协同的团队将成为推动企业不断前行的强大动力，共创辉煌的未来。

第四节　文化建设：营造积极的团队氛围

在组织的宏伟蓝图中，文化建设不仅是基石，更是灵魂。它如同无形的纽带，将团队成员紧密相连，共同塑造着团队的独特气质与精神风貌。营造积极的团队氛围，不仅关乎工作效率的提高，也是激发个体潜能、促进团队和谐发展的关键所在。本节将深入探讨文化建设的核心策略，助力打造具有强大凝聚力的团队氛围。

一、文化塑造是打造团队氛围的金钥匙

一个优秀的企业家不仅要注重企业的经济效益，更要注重团队氛围的营造和企业文化的建设，这样才能让企业在激烈的市场竞争中立于不败之地。

在成功者看来，文化建设绝非简单的标语张贴或口号呼喊，它是团队灵魂的塑造者，是团队氛围的调节器，更是推动组织持续进步的隐形引擎。一个强大的团队，其背后必然有一套深入人心、引领方向的文化体系作为支撑。

在复杂多变的市场环境中，团队如同航行于茫茫大海的船只，文化就是那指引方向的舵。它帮助团队成员明确共同的目标、价值观和行为准则，确保每个人在追求个人成长的同时，也能为团队的整体利益贡献力量。这种文化的导向性，不仅增强了团队的凝聚力，还确保了团队在面对挑战时能够迅速统一思想，形成合力。

团队氛围的营造关键在于人与人之间的联结。文化就像一条隐形的纽带，它联结了不同的个体，增进了成员间的相互理解和尊重。在积极、健康的文化氛围中，团队成员更愿意开放沟通、分享知识、相互支持，形成了一种基于信任和尊重的紧密合作关系。这种文化氛围不仅提高了工作效率，还增强了团队成员的归属感和幸福感，使得团队成了一个温馨和谐的大家庭。

成功者看待文化，还会着眼于其激发潜能的作用。一个充满正能量、鼓励创新的文化环境，能够极大地激发团队成员的内在动力，促使他们勇于尝试、敢于突破。在这样的氛围中，失败被视为成长的机会，创新成为常态，每个成员都能在挑战中发现自己的潜力，实现自我超越。这种文化的激励作用，为团队带来了不竭的创新活力和竞争优势。

二、从我做起，共筑文化家园

在团队中，文化建设并非遥不可及的任务，而是每个人都能参与并推动的重要工作。以下是三个有效的方法，可以帮助我们参与并推动文化建设。

1. 以身作则，树立榜样

作为团队的一员，我们首先要做的是以身作则，成为文化的践行者和示范者。这意味着，在日常生活中，我们要时刻牢记团队文化的核心价值观，将其融入自己的言行举止中。例如，如果团队文化强调“诚信”，那么我们在工作中就要做到言行一致，不撒谎、不欺骗，用实际行动诠释诚信的内涵。通过我们的引领，能够唤起团队成员对文化的共鸣与依附感，从而营造出一种积极向上的团队环境。

2. 积极参与，贡献智慧

融入文化建设的另一种关键方式是主动加入团队的文化活动。无论是团队内部的培训、分享会，还是外部的文化交流活动，我们都应该积极参与，贡献自己的智慧和力量。在参与过程中，我们可以深入了解团队文化的内涵和精髓，同时也可以将自己的见解和创意融入文化活动中，为团队文化注入新的活力和元素。通过主动投入，我们不仅能深化对团队文化的认知与认同，还能在团队内部构筑和谐的人际关系，强化团队的团结力与向心力。

3. 主动反馈，持续改进

文化建设是一个不断演进的过程，需要持续收集反馈并进行优化。我们应该主动向团队领导者或文化负责人反馈自己对团队文化的看法和建议，为团队文化的持续优化提供有益的参考。在给予与接收反馈时，我们应秉持开放态度，勇于表达个人看法，同时也需谦逊地接纳他人的指正与建议。通过持续的反馈和改进，我们可以不断完善团队文化的内涵和表现形式，使其更加符合团队发展的需要和成员的心理需求。

总之，文化建设是营造积极团队氛围的关键所在。通过共同努力，我们能够塑造出一个充满活力、和谐共进的团队文化，为团队成员提供强大的精神支持和动力源泉，共同努力推动团队向更高更远的目标迈进。

第五节　变革管理：掌握应对变革的能力

在这个日新月异的时代，变革已成为常态。无论是科技的飞速发展，还是市场的快速变化，都要求企业和团队具备强大的变革管理能力。变革不仅代表着挑战和不确定性，它同样蕴藏着机遇和成长。具备应对变革的能力，不仅影响团队的生存与进步，也是每位成员职业发展道路上不可或缺的关键能力。本节将讲述变革管理的关键方法，助力团队提升应对变革的能力。

一、掌握关键，驾驭未来

变革管理不仅需要高瞻远瞩的战略眼光，更需要脚踏实地的执行力和团队的支持。只有具备应对变化的能力，才能在激烈的市场竞争中立于不败之地。

在成功者看来，变革管理不仅是适应外界环境变迁的手段，更是驱动组织不断发展和创新的内在动力。成功者首先强调的是预见未来的能力。在变革管理的棋盘上，他们总能提前布局，敏锐捕捉市场趋势和行业动态，为组织赢得宝贵的准备时间。通过深入分析、科学预测，成功者能够准确把握变革的时机和方向，确保组织在变革浪潮中始终占据有利位置。这种预见性，不仅展现了成功者的战略眼光，更是变革管理成功的关键。

面对变革带来的不确定性，成功者懂得如何构建组织的韧性。他们明白，唯有那些能够灵活适应变化、迅速恢复活力的组织，才能在变革浪潮中保持竞争力。因此，成功者注重培养团队的适应能力和创新能力，通过持续的学习和培训，提升成员应对变革的综合素质。同时，他们还建立了一套有效的风险管理和危机应对机制，确保组织在发生变革冲击时能够迅速调整、稳健前行。

成功者强调变革管理中的协同合作。他们深知，变革不是某个人的独角戏，而是整个组织共同参与的集体行动。所以，成功者会主动构建交流渠道，推动成员之间的信息互通与观点碰撞，以保障变革决策既科学又合理。同时，他们还会注重团队间的协作配合，通过优化资源配置、明确职责分工，汇聚变革的强大动力，携手促进组织向更高阶段发展。

从成功者的视角来看，只有掌握了变革管理的智慧与实践，才能在变革的浪潮中乘风破浪，引领组织不断攀登新的高峰。

二、提升应变力，玩转新变化

在变革的洪流中，我们虽非掌舵者，却是航行中不可或缺的每一滴水珠。掌握应对变革的能力，不仅关乎个人职业生涯的稳健前行，更是推动组织乃至社会进步的重要力量。以下是五项实践策略，能帮助我们在变革的大潮中勇往直前。

1. 自我反思，培养变革意识

变革始于内心。我们提升变革管理能力的第一步，是进行自我反思，培养对变革的敏感度和接纳度。这意味着要定期审视自己的思维方式、工作习惯是否适应当前环境的变化，勇于承认并克服自身的局限性。通过阅读行业资讯、参加研讨会等方式，拓宽视野，了解变革的最新趋势，从而激发内在变革的动力。同时，保持开放的心态，对新事物保持好奇和探索精神，为变革做好心理准备。

2. 持续学习，提升专业技能

变革常常伴随着新技术的采用和新知识的产生，我们需要秉持终身学习的态度，不断刷新和扩展自己的知识库。利用在线课程、工作坊、行业交流等渠道，学习新技能，掌握新技术，提升自己的专业素养和竞争力。特别是在数字化、智能化转型加速的今天，掌握数据分析、人工智能等前沿技术，将成为应对变革的重要武器。

3. 主动沟通，建立人脉网络

变革时期，信息的流通至关重要。我们应主动与同事、上级、行业专家等建立沟通渠道，及时了解组织内外的变革动态，分享自己的见解和困惑。通过有效的沟通，不仅能够获取更多资源和支持，还能增强团队间的信任与合作，共同应对变革带来的挑战。同时，构建广泛的人脉网络，为职业生涯的转型和升级提供更多可能性。

4. 积极适应，灵活调整策略

变革伴随着不确定性，这要求我们必须具备高度的适应能力和灵活性。面对变革带来的新任务、新要求，要勇于跳出舒适区，积极适应新的工作环境和角色定位。同时，根据变革的进展和反馈，灵活调整个人的工作计划和目标，确保在变革中保持高效和产出。这种快速适应和灵活调整的能力，将帮助我们在变革的浪潮中保持竞争力。

5. 引领创新，成为变革推动者

变革不仅是打破现状的关键，也是激发新思维的机遇。我们应积极参与到创新实践中，无论是提出改进建议、参与项目创新，还是在日常工作中尝试新方法、新流程，都能为组织的变革贡献自己的力量。通过创新实践，不仅能够提升个人的创造力和解决问题的能力，还能在团队中树立起正面的榜样，调动更多人的变革积极性，携手促进组织迈向更高阶段。

变革管理不仅是组织和领导者面临的挑战，更是每个人职业生涯中不可或缺的能力。掌握应对变革的能力，让我们在时代的洪流中乘风破浪，成为推动社会进步的重要力量；让我们携手共进，迎接变革，拥抱未来。

第七章

人生智慧：成功者的自我修养

在人生的长河中，成功者之所以能成为众人仰望的灯塔，不仅因为他们在技艺上的炉火纯青，更在于他们独特的自我修养。本章将深入探索他们的内在世界，揭示他们如何在纷扰世事中保持内心的宁静与清明，如何以超凡的智慧驾驭生活，实现身心的和谐统一。让我们一同学习，如何在人生的旅途中，修炼成为更加卓越的自己。

第一节　人生哲学：探索生命的意义与价值

在人生的无垠画卷中，每一笔都承载着对生命意义的深刻探索与不懈追求。从晨光初现到夜幕降临，从懵懂无知到智慧深邃，我们始终在追寻那个终极问题的答案——“我为何而活？”想象一下，你站在一片广袤无垠的草原上，四周是无边的风景，心中却回荡着对生命本质的深切呼唤。这呼唤，如同夜空中最亮的星，指引着我们穿越迷惘与困惑，去触摸那些关于存在、价值和意义的深刻真理。本节将深入探讨生命的意义与价值，助力个人价值的追求与实现。

在我国，有这样一位女教师，她的名字是张桂梅。她的人生哲学深刻诠释了生命的真谛与重要性。张桂梅扎根于贫困山区数十年，倾其所有创办了华坪女子高中，专门招收贫困地区的女生，帮助她们通过教育改变命运。她不仅传授知识，更以身作则弘扬着坚韧不拔、勇往直前的精神。在她的引领下，无数女孩走出山区，成了医生、教师、技术专家……她们以自己的方式回馈社会，传递着爱与希望。

一、探索生命本源，解码存在的深层意义

张桂梅的事迹告诉我们，生命的意义在于奉献，价值在于影响他人，让这个世界因我们的存在而变得更加美好。她就如一盏明灯，照亮了无数人的心灵，让我们深刻体会到，探索生命的意义与价值，就是在平凡中创造不凡，用爱与责任书写人生的华章。

在浩瀚的宇宙中，每个生命都如一颗明亮的星星，用其特有的光芒照亮着周遭的暗夜。然而，当我们仰望星空，不禁会陷入沉思：生命究竟从何而来？我们存在的意义何在？这些看似简单却又深奥的问题，正是人类自古以来不断探索的主题。

生命的起源，是一个跨越了数十亿年的壮丽史诗。从最早的微生物到如今的万物生灵，生命在地球上经历了无数次的演化和变迁。当代科学，特别是生物学与遗传学的进步，为人们揭示了生命的一些核心秘密。例如，DNA的发现让人们明白，生命的信息是通过遗传物质来传递的，每一个生物体的独特性都源于其DNA序列的微小差异。进化论则揭示了生命是如何通过自然选择和遗传变异来适应环境，进而不断进化的。这些科学发现，让人们对生命的起源和本质有了更为深刻的认识。

然而，科学虽然能够解释生命的物质基础和演化过程，但对于生命存在的意义这一哲学问题，却往往显得力不从心。这时，哲学的思考可以进一步探索。自古以来，无数哲学家都对生命的真谛进行了深入的探讨。苏格拉底提出的"认识你自己"这一命题，至今仍富含深刻的启发价值。他告诉人们，要理解生命的意义，首先要了解自己，了解自己的内心世界、价值观念和人生目标。只有当人们真正认识了自己，才能找到生命的方向和动力。

在探索生命意义的过程中，成功者会关注个体在浩瀚宇宙中的位置。面对宇宙的浩瀚无边，每个生命体都显得极其微小，仿佛不值一提。但恰恰是这样的微小，促使我们深刻体会到生命的珍贵，更加懂得珍惜眼前的每一刻。生命的价值不在于其时长或范围，而在于每个人如何经历这段旅程，以及以何种方式给这个世界带来影响与改变。

在追寻生命的意义时，成功者也会重视个体与社会之间的联系。人作为社会性存在，其存在与发展均离不开社会的扶持与培育。因此，在追求个人价值的同时，每一个人也应该思考如何为社会作出贡献，实现个人价值与社会价值的和谐统一。这要求人们拥有责任感与使命感，运用自身的知识与技能为他人服务、促进社会前行。当人们意识到自己的存在能够为他人带来福祉时，其生命就会变得更加有意义和有价值。

当然，在追寻生命意义的旅途中，成功者也难免会遭遇挫折与迷惘。此时，他们会以开放与包容的心态，勇于正视自身的不足与失误。他们明白，每一次的挫折和失败，都是对人们意志和信念的考验和锤炼。只有当人们勇敢地面对这些挑战，才能不断成长和进步，最终找到属于自己的生命之路。

二、在行动中定义并实现个人价值

在人生的广阔舞台上，每个人都是自己故事的主角，而探索生命的意义与价值，往往始于对自我价值的深刻认识与积极实现。这对我们而言，不仅是哲学上的思考，更是生动具体的实践探索。

1. 自我审视，明确价值定位

明确个人价值的前提是深刻的自我审视。我们需要静下心来，思考自己的兴趣所在、优势所在，以及自己希望为这个世界带来怎样的改变。这种自我探索可能伴随着对过往经历的反思，对未来的憧憬，甚至是对内心深处渴望的挖掘。通过这一过程，我们能够逐步清晰自己的价值观，为接下来的行动指明方向。

2. 勇于实践，积极贡献社会

理论知识若不加以实践，就如同虚幻的楼阁。因此，将所学应用于实际，通过工作、志愿服务或创新项目等形式，为社会创造价值，是实现个人价值的关键步骤。无论是投身教育事业，点亮更多孩子的求知之火，还是参与环保项目，守护绿水青山，每一次实践都是对自我价值的一次验证与升华。在实践中，我们不仅帮助了他人，也收获了自我成长与满足。

3. 反思调整，保持灵活与韧性

人生之路充满变数，面对挑战与失败，保持灵活与韧性至关重要。定期反思自己的行为与成果，诚实地评估是否偏离了既定的价值方向，及时调整策略与方法。同时，培养乐观的心态，将挫折视为成长的契机，从中吸取教训，不断前行。正是这种在失败中寻找机遇，在挑战中寻求突破的能力，让我们能够在追求个人价值的道路上越走越远。

在人生道路上，寻求生命的意义与价值是一段既深远又奇妙的经历。让我们带着对自我的深刻认知，勇敢地在实践中追寻，不断影响并照亮他人，最终，在生命的画卷上留下独特而灿烂的一笔，成就无悔人生。

第二节　智慧人生：平衡工作与生活的艺术

工作是我们挥洒汗水、展现才华、实现自我价值的广阔舞台，它赋予我们方向与动力，让我们在追逐梦想的路上不断前行。生活则是那片宁静的港湾，滋养着我们的心灵，让我们在疲惫之余享受家庭的温馨、朋友的欢笑以及大自然的美好。这两者并非相互排斥，而是相辅相成，共同构成了我们丰富多彩、和谐平衡的人生画卷。本节将探讨如何在忙碌的工作与生活中找到平衡点，享受更加美好的人生。

一、理解工作与生活的和谐共生

实现工作与生活平衡的艺术，不仅依赖个人的智慧和选择，更在于我们对家庭的珍视与投入。在追求职业成功的同时，我们也应放慢脚步，用心体验家的温馨，让生活与事业共同闪耀光芒。

在成功者看来，工作与生活并非零和游戏，而是相辅相成、相互成就的共生体。这一观点，深刻颠覆了传统观念，引导我们重新思考工作与生活的本质联系。

工作作为人生的重要组成部分，不仅是实现自我价值、展现才华的舞台，更是我们获取生活资源、提升社会地位的有效途径。在成功者的世界里，工作不只是日复一日的辛劳，更是一种自我挑战与成长的契机。然而，他们也深知，生活同样是不可或缺的。生活是我们心灵的栖息地，它滋养着我们的情感与灵魂，让我们在忙碌的工作之余，得以放松身心，享受生活的美好。家庭、朋友、兴趣爱好等生活元素，构成了我们丰富多彩的个人世界。在这个世界里，我们能够缓解工作压力，寻回内心的平静与快乐。生活的美好，不仅让我们在工作中更加充满激情与创造力，更让我们在人生的道路上，拥有了更加坚定的信念与追求。

在成功者眼中，工作与生活是相互促进、共同发展的。工作为生活提供了物质保障与精神支持，而生活则为工作注入了源源不断的动力与灵感。两者相辅相成，共同推动着人生的旅程不断前行。

然而，要在繁忙的工作与私人生活之间找到理想的平衡点，实属不易。这需要我们具备一种高超的智慧，一种将工作与生活和谐共生的艺术。这种艺术，不仅是对时间的合理分配，更是对心态的精准调控与角色的灵活转换。成功者懂得如何高效工作，他们善于利用时间管理工具，将工作与休息的时间进行科学规划。在心态的调整上，成功者同样展现出非凡的智慧。他们既不会因为工作的忙碌而忽视生活的美好，也不会因为生活的琐碎而放弃对工作的追求。他们始终保持一颗平和的心，以乐观的态度面对工作与生活的挑战与机遇。成功者还擅长在不同的角色之间灵活切换。在工作中，他们是尽职尽责的员工；在生活中，他们是关爱家人的父母、是乐于助人的朋友、是追求梦想的个体。他们能够在不同的角色之间找到平衡点，让工作与生活相互补充、相互促进。

平衡工作与生活的技巧，不仅影响着个人的成长与幸福感，也关系到家庭的和睦与社会的安定。一个能够平衡好工作与生活的人，往往能够拥有更加健康的心态、更加和谐的家庭关系以及更加积极的社会态度。他们不仅能够在工作中取得优异的成绩，也能够在生活中享受到真正的快乐和满足。因此，让我们重新审视工作与生活的关系，掌握平衡的艺术，共同创造一个更加智慧、和谐与美好的人生。

二、实现工作与生活的巧妙平衡

在快节奏的现代生活中，平衡工作与生活成了许多普通人追求的理想状态。以下是一些实用方法，可以帮助我们实现工作与生活的和谐。

1. 设定“无手机”时段

设定每天固定的时间段，如晚餐时间、睡前一小时，作为“无手机”时段。在这段时间内，将手机放在视线之外，专注于与家人、朋友的交流或自我反思。减少数字设备的干扰，不仅能提升生活品质，还能增强人际关系的深度与广度，让心灵得到真正的滋养。

2. 培养“微习惯”提升生活质量

选择几项简单但有益的“微习惯”，如每天阅读10分钟、进行5分钟冥想、写感恩日记等，坚持每天执行。“微习惯”虽小，但长期坚持能带来显著的改变。它们对个人成长有益，同时也能增强生活的幸福与满足感。

3. 利用“周末重启”策略

每个周末，安排一天时间进行彻底的身心重启。这可以包括家务整理、户外散步、与家人共度时光，或进行一项自己热爱的活动。“周末重启”有助于从一周的紧张工作中抽离，为下周的工作与生活储备新的能量与灵感。

4. 实施“梦想清单”计划

列出我们的长期梦想与短期目标，定期回顾并为之制订具体的行动计划。确保这些梦想与目标既包含职业发展，也涵盖个人兴趣与家庭生活。“梦想清单”能够激发我们的内在动力，让我们在忙碌的工作中不失方向，同时也能提醒我们关注生活中的美好与追求。通过达成一个个小目标，我们会渐渐体会到生活的丰富与成就感。

普通人也能在繁忙的工作与多彩的生活之间找到平衡，享受智慧人生的每一个瞬间。记住，平衡不是一成不变的，也需要不断调整与优化。希望我们每个人都在这一旅程中，发现属于自己的平衡之道。

第三节　心态调整：积极面对挑战与困境

在人生的旅途中，挑战与困境如同风雨交加的夜晚，既考验着我们的意志，也磨砺着我们的心灵。面对这些难以避免的挑战，调整心态变得尤为关键。一个积极的心态，就像夜空中最耀眼的星，能够指引我们穿越逆境，寻觅前行的路径。它不仅能够唤醒我们内在的潜能，帮助我们寻找解决问题的方法，更能让我们在逆境中成长，学会坚韧与乐观。本节将深入探讨如何培养积极心态，从而更好地面对挑战与困境。

宗庆后，这位中国饮料业的标志性人物，他的经历如同一部生动的教科书。1987年，尽管当时已年届42岁，宗庆后还是毅然决然地拉着装满冰棒的黄鱼车，在杭州的街头巷尾穿梭叫卖。面对市场的激烈竞争和创业的艰难，他从未退缩。在校办工厂连年亏损之际，他抓住机遇，接手工厂并研发出娃哈哈儿童营养液，凭借乐观的心态与敏锐的市场感知力，成功将产品推向市场，企业也实现了初步的资本积累。

宗庆后并未就此止步。1996年，娃哈哈与法国达能携手成立了合资公司，尽管宗庆后出让了51%的股份，但他依然掌握着公司的经营权。然而，随着达能对中国市场的勃勃野心逐渐显现，双方的矛盾加剧。2005年，达能试图低价并购娃哈哈非合资企业，宗庆后面临着前所未有的严峻挑战。他没有选择屈服，而是积极应战，亲自撰写辩诉词，连续打了29场官司，最终捍卫了娃哈哈这一民族品牌的尊严。

一、理解积极面对的重要性

宗庆后的经历启示我们，在挑战与困境面前，积极的心态是取得成功的核心要素。他敢于直面难题，勇于超越自我，通过实际行动展现了“心态塑造命运”的深刻含义。在人生的道路上，我们或许会遇到各种困难和挑战，但只要保持积极的心态，勇于面对，就一定能够找到解决问题的方法，实现自我超越。

积极的心态，是一种内在的力量，它源自对自我价值的深刻认识，对未来的坚定信念，以及对挑战的无畏态度。面对困境时，成功者不会沉溺于消极情绪，而是选择以积极的心态去面对，去寻找解决问题的途径。

积极心态的力量，在于它能够激发人的潜能，提升人的适应能力。面对挑战时抱以积极的心态，不仅会让思维更加敏捷，创造力也会得到激发。积极的心态能让我们拥有卓越的分析能力，进而能够精准地识别问题，并提出有效的解决方案。积极的心态还能使我们保持冷静与理智，防止因情绪波动而作出不当的决定。

同时，我们也要明白，挑战与困境并非仅仅是负面的存在。它们背后隐藏着巨大的机遇，等待着被发现和把握。正如一句古话所说："祸兮福所倚。"在成功者的眼中，每一次挑战都是一次成长的机会，每一次困境都是一次锻炼自己的契机。

心态，决定了我们如何看待挑战与困境。消极的心态，让我们只看到困难和障碍，而忽略了背后的机遇和可能。而积极的心态，则让我们能够透过困境的表面，看到其背后的本质和机遇。我们要学会使用这种看待问题的独特视角，从中发现机遇，并将其转化为自己的优势。

对于每一个渴望在人生道路上走得更远的人来说，培养积极的心态，无疑是一项至关重要的技能。

二、如何调整心态积极面对

在智慧人生的旅途中，平衡工作与生活不仅关乎时间管理，更在于心态的调整。面对工作与生活中的挑战与困境，我们如何以积极的心态去面对，是通往和谐生活的关键。以下六种特别的方法，能够帮助我们在挑战中寻找机遇，以更加坚韧和乐观的心态，拥抱智慧人生。

1. 拥抱变化，视挑战为成长契机

在快速变化的时代，工作与生活中的不确定性如影随形。与其抗拒变化，不如主动拥抱它，将其视为个人成长的契机。每当遇到挑战，不妨问自己："这次经历能教会我什么？"这样的心态调整，能让你从挑战中获得成长，持续提升自我。

2. 情绪管理，培养内在平静

面对困境，情绪管理至关重要。学会冥想、深呼吸或进行瑜伽等放松练习，可以帮助我们快速从负面情绪中抽离，恢复内心的平静。内在平静是应对挑战的强大武器，它能让我们在压力之下保持清晰思考，作出明智决策。

3. 设定"最小行动步骤"，逐步克服恐惧

面对未知或困难的任务，人们往往会感到恐惧和无力。此时，设定"最小行动步骤"是一个有效的策略。将大目标分解为一系列小步骤，每完成一步就给自己一点奖励。这种逐步推进的方式，不仅能减轻心理压力，还能让我们在实践中逐渐积累信心，最终克服恐惧。

4. 建立"支持网络"，共享力量

人在面对挑战时，获取他人的援助和支持极为关键。建立一个由家人、朋友、同事或导师组成的"支持网络"，与他们分享我们的困扰和进展。他们的鼓励、建议和经验分享，将成为我们克服困境的重要力量源泉。

5. 自我反思，从失败中汲取智慧

每次遭遇失败，都是一次珍贵的学习历程。时常开展自我反省，坦诚地审视自己在应对难题时的行为，探究失败背后的缘由，并从中提炼出有益的启示与教训。这种自我提升的过程，不仅能增强你的韧性，还能让你在未来的挑战中更加从容不迫。

6. 培养"感恩心态"，发现生活中的美好

在忙碌与挑战的包围下，我们容易忽视生活中的美好点滴。通过培养感恩的心态，每天记录下至少三件让我们心怀感激的事，不论其大小，这样的练习能够增强我们的幸福感，让我们在面对困难时依然保持乐观积极的态度。感恩的心态，是智慧人生不可或缺的一部分，它让我们在逆境中也能发现生活的光亮。

每一次挑战，无论其大小，都是生命赋予我们的独特礼物，它考验着我们的意志，也锤炼着我们的能力，更是我们成长的催化剂。同样，每一次困境，看似是阻碍，实则是推动我们跨越自我的桥梁，让我们在挣扎与突破

中，实现自我超越。以一颗积极的心态去拥抱这些挑战与困境，我们会发现，智慧与成长并非高悬于天际的星辰，而是深深根植于我们每一次勇敢前行的脚步中，等待着我们用心去感受，去体验，去收获。智慧人生，其实就在这一路的探索与前行之中。

第四节　人际关系：建立与维护良好网络

人际关系如同一张错综复杂的网，它既是获取支持与帮助的源泉，也是个人成长与发展的重要途径。建立良好的人际关系网络，意味着在需要时能够找到可靠的伙伴，共同迎接挑战与把握机遇。维护这一网络，需要我们投入心力，以真诚、理解和尊重为基础，不断加深彼此之间的信任与默契。成功构建并维护一个良好的人际关系网络，将有助于我们在人生的道路上走得更远、更稳。本节将深入探讨如何高效地构建与维系人际关系网络，从而使自己更好地成长与发展。

一、为何良好关系至关重要

人际关系如同一幅错综复杂的织锦，每一根丝线都承载着我们的情感、智慧与梦想。那些站在人生巅峰的智者，深知良好关系的重要性，它们不仅是个人成长的基石，更是实现职业飞跃、智慧共享与人生价值的桥梁。

成功者懂得，人生路上风雨兼程，良好的人际关系是情感的港湾，为我们提供心灵的慰藉。在快节奏的现代生活中，压力与挑战如影随形，而朋友间的倾诉、家人的关怀、同事的理解，就如同冬日里的暖阳，温暖而不可或缺。他们深知，情感的滋养是保持内心平衡、激发潜能的关键。他们懂得如何在人际关系中寻求支持，利用这份力量来增强心理韧性，使自己在面对困境时能够更加坚韧不拔，从容应对。

成功者将人际关系视为智慧的碰撞场、创新的源泉。他们明白，个人的力量终归有限，而集体的智慧则是无穷的。通过与不同背景、不同领域的人建立联系，我们能够拓宽视野，获取多元化的信息与观点，从而激发创新思维，提升解决问题的能力。每一次思想的碰撞都可能产生新的火花，每一次深入的对话都可能开启一扇通往未知世界的大门，借助人际关系的助力，推动自身进步，持续向人生的新高点进发。

在职业领域，成功者更是深谙人际关系的重要性。他们知道，一个广泛而深入的人际关系，意味着更多的机会、更广阔的平台和更丰富的资源。他们懂得如何有效管理自己的职业网络，主动寻求与行业内关键人物的连接，通过积极参与行业活动、建立专业社群等方式，不断扩大自己的影响力，为职业发展铺设坚实的道路。人际关系不仅是社交的媒介，更是职业发展的加速器，它助力我们在职场上如鱼得水，实现个人价值的最大化。

二、有效建立与维护人际关系的步骤

在人际关系的广阔天地里，每个人都渴望拥有一张既宽广又深厚的关系网。然而，如何有效建立与维护这张网，却是一门值得深入探讨的艺术。掌握一些特别而实用的方法，能够让我们在人际关系的道路上走得更远、更稳。以下是六个有效建立与维护人际关系的步骤。

1. 主动出击，精准定位

建立人际关系的第一步，是要有主动出击的勇气。不要害怕被拒绝，也不要等待机会从天而降。主动寻找与我们志同道合、有共同兴趣或潜在合作价值的人，精准定位我们的目标人群。这并不意味着我们要广泛撒网，而是要有针对性地选择那些真正值得投入时间和精力的人。通过社交媒体、行业活动、兴趣小组等渠道，我们可以更高效地找到这些“对的人”。

2. 真诚沟通，倾听为先

一旦建立了初步的联系，真诚沟通就变得尤为重要。倾听是交流的重要桥梁。在与人交谈之际，保持一颗开放的心，仔细聆听对方的见解与情感。不急于阐述自身观点，而是先让对方感受到我们的重视与同理心。这样的倾听态度，能迅速缩短双方距离，构建起信任与共鸣的基础。

3. 共享价值，互惠互利

人际关系的本质，是价值的交换与共享。不要吝啬我们的知识、经验和资源，慷慨地与他人分享，同时积极寻求与对方的互惠互利。无论是工作上的合作、学习上的互助，还是生活上的关怀，都能成为加深关系的纽带。记住，给予比接受更能让人感到快乐，而一个充满正能量的关系网络，也会让我们受益匪浅。

4. 持续维护，不忘细节

建立关系只是第一步，真正的挑战在于如何持续维护。关系的维护需要细心和耐心。可以在重要节日、对方生辰或特殊纪念日，表达真诚的祝愿或赠送贴心的小礼物。即使在日常交往中，也要记得关注对方的动态，及时给予回应和支持。这些不起眼的小细节，却是巩固关系的重要因素。

5. 勇于表达，直面冲突

在人际关系中，冲突在所难免。敢于阐述自己的观点与情感，勇于面对冲突，是展现成熟与胆识的标志。当遇到问题或分歧时，不要回避或拖延，而是及时与对方沟通，寻求共识或解决方案。通过坦诚的交流，可以更好地理解对方，同时也能增强关系的韧性和深度。

6. 持续成长，共同进步

人际关系需要双方共同成长和进步。不断充实自己的知识和技能，提升自己的价值，同时也要鼓励和支持对方的成长。当双方都能够在各自的领域里取得进步时，关系也会因此变得更加牢固和有意义。共同成长的旅程，会让双方的关系更加深厚和持久。

第五节　修身养性：培养高尚品格与情操

高尚的品格与情操，不仅是个人修养的体现，更是成就卓越人生的坚实基础。它们赋予我们在纷繁复杂的世界中保持内心的宁静与坚定的能力，让我们以更加从容的姿态迎接生活的挑战。通过修身养性，我们锤炼出坚韧不拔的意志和高尚的道德情操，这不仅能帮助我们在人生的征途中实现自我价值，还能让我们为社会贡献出自己的力量。本节将深入探讨如何通过日常实践、阅读经典、反思自省等途径，逐步培养个人的高尚品格与情操。

孔子作为我国古代杰出的思想家和教育先驱，其一生是对“修身、齐家、治国、平天下”这一崇高理想的生动诠释。孔子曾言：“己所不欲，勿施于人。”这句话不仅体现了他个人的品德，也成为后世为人处世遵循的黄金法则。据传，子贡曾向孔子请教交友的智慧，孔子回答他：“友直，友谅，友多闻，益矣。”他强调，要选择那些正直、诚实、博学多闻的人作为朋友，这样的友谊才能促进个人的成长与提升。

孔子本人，就是一位以身作则的典范。他一生致力于学问与道德的追求，即便在动荡的时代，也始终坚守自己的信念与原则。面对权贵的诱惑与压迫，他从未妥协，而是用自己的言行影响着周围的人，传递着高尚品格的力量。

一、高尚品格与情操的深远影响

孔子的故事告诉我们，修身养性并非一朝一夕之功，而是需要我们在日常生活中不断磨炼自己的意志，提升自己的道德境界。通过学习孔子等先贤，我们可以汲取到无尽的精神力量，让自己的品格与情操在岁月的洗礼中越发熠熠生辉。

在成功者的世界里，修身养性不仅是个人修养的体现，更是通往卓越与成功的必经之路。高尚品格与情操，如同人生旅途中的璀璨星辰，不仅照亮个人的前行之路，更对社会和谐与进步产生深远影响。

成功者深知，高尚品格是个人魅力的核心。一个拥有正直、诚实、宽容等优秀品质的人，无论身处何地，都能散发出独特的魅力，赢得他人的尊重与信任。这种吸引力，并非来自外表的华丽装饰，而是源自内心修养的自然流露。它能让人在社交场合更加自信，成为众人瞩目的焦点。

高尚的品格与情操，还能够提升个人的决策能力。成功者在面对复杂多变的人生抉择时，往往能够坚守内心的原则与信念，作出符合道德标准与社会规范的决定。这种决策能力，不仅帮助他们避免了许多麻烦与风险，更让他们在关键时刻展现出非凡的领导力与决断力。

高尚品格与情操的深远影响，还体现在对社会的贡献上。成功者通过自身的言行举止，传递着积极向上的价值观与人生观，激励着周围的人不断追求进步与提升。他们的存在，如同一股清流，冲刷着社会的浮躁与功利，为构建和谐社会贡献着自己的力量。

更重要的是，高尚品格与情操的培养，能够帮助成功者更好地认识自己，实现内心的平静与满足。他们在寻求物质富足的同时，也更加注重精神世界的成长与进步。通过不断的修身养性，他们逐渐明白，真正的幸福与成功，并非来自外界的认可与赞誉，而是源于内心的充实与平静。

对于成功者而言，修身养性不仅是对自身修养的打磨与提升，更是对人生价值与意义的深刻探索与领悟。因此，让我们重新审视修身养性的重要性，努力培养高尚品格与情操，让人生因这份内在的修养而变得更加精彩与有意义。

二、有效培养高尚品格与情操的路径

在快节奏、高压力的现代生活中，修身养性、培养高尚品格与情操，对于每一个普通人而言，都是一场心灵的修行。这既是对个人素质的磨炼，也是对美好人生的渴望与追寻。以下是五个实用建议，能够帮助我们在日常生活中逐步塑造优良品德与高雅情操。

1. 阅读经典，汲取智慧

阅读是通往智慧与品格提升的重要途径。选择那些历经时间考验的经典著作，如《论语》《道德经》等，它们蕴含着古人的智慧与人生哲理，能够引导我们思考人生、理解世界。通过阅读，我们可以学习到如何以更加宽容、豁达的心态面对生活中的挑战，如何在复杂的人际关系中保持自我以及如何以更加高尚的道德标准指导自己的行为。

2. 反思自省，提升自我

“吾日三省吾身”，是古代智者传承给我们的珍贵遗产。在日常生活中，养成反思自省的习惯，能够帮助我们及时发现并纠正自己的不足。每当夜深人静，或是一天的忙碌结束后，不妨静下心来，回顾自己的行为与言语，思考是否有不当之处，是否有需要改进的地方。通过持续的反思与自省，我们的品格与情操将逐渐得到升华。

3. 行善积德，传递正能量

高尚品格的培养，离不开对社会的贡献与付出。在日常生活中，不妨多做一些善事，如帮助他人、参与公益活动、捐款捐物等。这些看似微不足道的举动，不仅能够温暖他人的心，更能在我们心中种下善良的种子，让我们的情操得到升华。同时，通过传递正能量，我们也能够吸引到更多志同道合的朋友，共同为构建和谐社会贡献力量。

4. 培养兴趣，丰富精神世界

要培育高尚情操，还需构建一个多彩的精神世界。可以利用闲暇时光，发展一些对健康有益的兴趣，如画画、音乐、阅读或运动等。这些兴趣爱好不仅能够丰富我们的生活，更能够陶冶我们的情操，让我们在忙碌的生活中找到一片宁静的港湾。通过艺术的熏陶与运动的洗礼，我们的心灵将变得更加纯净与坚韧。

5. 坚持实践，持续成长

培养品德与修养并非短时间内能达成的，它需要我们在日常生活中坚持不懈地实践、不断进步。同时，保持开放心态，勇于接纳新思维、新观念，持续挑战并超越自我。通过持续的实践与成长，我们将逐渐发现，自己已经成为一个拥有高尚品格与情操的人。

总之，修身养性是一场漫长而深刻的内心旅程，它要求我们不断自我反省、自我提升。愿我们都能在这条路上坚定前行，以高尚的品格与情操，书写属于自己的精彩人生篇章。

第八章

持续提升：成功者的自我管理

在追求卓越的路上，成功者之所以能脱颖而出，不仅源于他们的天赋异禀，更在于他们不懈地自我管理和不断追求卓越。本章将深入探索他们如何通过精细化的自我管理，不断突破个人的局限，实现能力的飞跃。从时间管理到情绪调控，从目标设定到执行力的锤炼，他们的每一个细节都透露着成长的智慧。让我们一同揭开他们自我提升的神秘面纱，学习如何在日常生活中运用这些策略，迈向更高的人生境界。

第一节　时间运筹：高效利用时间的秘诀

在人生的旅途中，时间是最公正的裁决者，为每个人分配了相同的24小时宝贵时光。然而，成功者之所以能在有限的时间里创造无限的价值，秘诀在于他们往往精通时间管理，使每一刻都高效运转。未经周密规划的时间难以铸就非凡成就。因此，掌握时间管理的艺术，正是成功者持续成长与不断超越的关键。本节将详细解析时间管理的精髓，探讨克服拖延的方法，使每分钟都得到有效利用。

中国现代文学的奠基人鲁迅，不仅以其犀利的笔触和深刻的思想影响了几代中国人，更以其对时间的高效利用，成为时间运筹的大师。鲁迅深知时间的宝贵，他常说："时间，就像海绵里的水，只要愿意挤，总还是有的。"这句话不仅仅是他个人的座右铭，更是他对时间利用的精辟总结。在繁忙的创作与革命活动中，鲁迅总是能精确地安排自己的时间，将每一分每一秒都用到极致。

他坚持早起，利用清晨的宁静时刻进行创作；他善于在旅途中读书思考，将碎片化的时间转化为宝贵的知识财富；他甚至在生病卧床时，也不忘用笔记录下自己的感悟与想法。鲁迅的时间管理，不仅体现在他对日常时间的精细规划上，更体现在他对生命价值的深刻理解上。

一、规划时间，打造高效生活

鲁迅的时间运筹，不仅成就了他个人的文学事业，更为后人留下了宝贵的精神财富。他的故事告诉我们，时间是可以被高效利用的，只要我们愿意付出努力，总能从繁忙的生活中找到属于自己的时间。鲁迅用他的一生，为我们诠释了高效利用时间的秘诀——珍惜时间，善于挤时间，让每一分每一秒都发挥出最大的价值。

在人生的竞技场上，时间无疑是最宝贵的资源。对于成功者来说，时间不仅是衡量生命的标尺，更是成就梦想的基石。他们深知，时间是不可再生的资源，一旦流逝便无法复得。因此，成功者总是精心规划时间，确保每一刻都得到最充分的利用，以此构建一个既高效又具有弹性的时间管理框架。

设定明确的目标是时间规划的前提。成功者明白，没有明确的目标，就像在无边的海洋中失去了航向。因此，他们依据自己的愿景和职业规划，设定清晰、可量化的短期和长期目标。这些目标既为他们提供了奋进的动力，也成了评估时间使用效率的关键指标。通过设定目标，成功者能够确保自己的每一分努力都朝着正确的方向，避免在琐事中迷失方向。

优先级排序是时间规划的关键。成功者深知，并非所有的任务都同等重要，也并非所有的紧急事务都应立即处理。因此，他们会采用优先级矩阵对任务进行分类，并根据任务的紧急性和重要性来决定处理的先后顺序。通过这种方式，成功者能够确保自己将有限的精力集中在重要的事务上，从而提高时间的利用效率。他们懂得，只有筛选并剔除那些不重要或紧急但不重要的任务，才能为真正重要的事务腾出时间和精力。

时间的分块是时间管理的有效策略。成功者通常会把一天的时间分割成几个固定的时间段，每个时间段专注于完成特定的任务或任务类别。这种方式有助于减少任务转换造成的时间浪费，提高工作的专注度和效率。例如，他们可能会选择早晨的时间段来处理最重要的任务，下午的时间段用于会议和沟通，晚上的时间段则用于总结和反思。通过这样的规划，成功者能够在每个时间段内都保持最佳的工作状态，从而确保每一刻都能被高效利用。

二、掌握节奏，编制生活日程

在迅速变化的现代生活中，时间就像流水一样，转瞬即逝。对于我们每一个人而言，如何在繁忙的工作与生活中找到平衡，高效利用每一分每一秒，成了许多人追求的目标。以下是一些实用方法，帮助我们将时间管理成功者的智慧融入日常生活，实现工作与生活的双赢。

1. 明确目标，设定优先级

高效利用时间的第一步是明确自己的目标和愿景。无论是职业发展、个人成长还是家庭和谐，都需要有清晰的目标作为指引。因此，掌握任务优先级排序的技巧至关重要，这包括区分“重要且紧急”、“重要但不紧急”、“紧急但不重要”以及“既不紧急也不重要”四种任务类型，优先解决前两类，以免被琐碎之事缠绕。

2. 制订计划，细化日程

制订详细的生活和工作计划，是掌握时间节奏的重要手段。使用日历、时间管理应用或简单的记事本，将每日、每周乃至每月的任务进行规划，包括工作时间、休息时间、家庭活动、个人兴趣等。细化到小时甚至分钟的安排，有助于我们更直观地了解自己的时间分配，减少无意义的拖延和空闲。

3. 运用番茄计时技巧，增强集中注意力的能力

番茄工作法是一种高效且易于操作的时间管理策略，其核心在于将工作时间分割为25分钟的全神贯注时段，随后跟随5分钟的短暂休息，每四个这样的循环结束后，安排一次15～30分钟时间的休息。这种方法有助于提高工作时的专注力，避免注意力分散，同时保证适度的休息，防止疲劳累积。

4. 学会拒绝，保护自己的时间

在快节奏的生活中，我们常常被各种请求和邀请包围。学会适时说“不”，保护自己的时间，是高效利用时间的重要一环。识别并拒绝那些与自己的目标和优先级不符的请求，可以让我们更专注于真正重要的事情，避免时间被无谓消耗。

5. 利用碎片时间，创造额外价值

等待公交、排队结账、午休前的几分钟……这些看似不起眼的零散时间，实际上是提升自我的珍贵契机。我们可以利用这些时间阅读电子书、听有声书、复习笔记或进行简单的身体锻炼。积少成多，这些零散的时间最终能为我们带来显著的成长。

6. 定期复盘，优化时间管理

时间管理是一个动态调整的过程。定期回顾自己的时间使用情况，分析

哪些方法有效、哪些需要改进，是持续优化时间管理策略的关键。通过复盘，我们可以更加了解自己的时间偏好和效率瓶颈，从而作出更有针对性的调整。

7. 保持积极心态，享受过程

高效利用时间并不意味着要把自己逼成一台永不停歇的机器。维持乐观的心境，珍惜工作与生活的每一个片刻，同样至关重要。学会在忙碌中寻找乐趣，与家人朋友共度美好时光，这些都能为我们的高效生活增添色彩，让时间管理不再是负担，而是通往幸福生活的桥梁。

时间是我们最宝贵的资源，掌握时间运筹的秘诀，意味着我们能更好地驾驭生活，实现个人价值与社会贡献的双重提升。让我们从现在开始，珍惜时间，高效利用，共同编织一个充实、精彩的人生篇章。

第二节　情绪驾驭：始终保持冷静与理智

在人生的棋盘上，每一步都蕴含着情感的起伏。成功者之所以能在复杂多变的局势中稳操胜券，不仅因为他们的智慧和策略，更在于他们拥有驾驭情绪的能力。在这个快节奏、高压力的时代，情绪如同一把双刃剑，既能激发潜能，也能成为前进的障碍。本节将深入探讨如何培养并提升情绪驾驭的能力，从而在面对困难和挑战时保持冷静与理智。

一、理解情绪，智慧自控

情绪管理不仅是对外部挑战的反应，更是内心修炼的体现。真正的强者，并非永远不失控，而是在失控的边缘能够迅速找回自我。

在人生的旅途中，情绪如同海洋中的波涛，时而平静，时而汹涌。成功者之所以能在复杂多变的环境中保持冷静与理智，很大程度上归功于他们对情绪的深刻洞察与有效管理。洞察情绪，从感知到掌控，不仅是一门艺术，更是一种智慧，它构成了成功者自我管理的核心要素。

情绪识别并非简单地对喜、怒、哀、乐进行分类，而是需要细致的观察与深入的自我反思。成功者掌握情绪辨识的技巧，能够迅速感知情绪的细微变化。这种能力不仅帮助他们更好地理解自己的情绪需求，也使他们能够更准确地解读他人的情绪信号，从而在人际交往中占据主动地位。

探究情绪产生的根源，是成功者情绪管理的关键步骤。他们明白，每一种情绪都是内心需求的反映，是过往经历与当前情境相互作用的产物。通过追溯情绪的根源，成功者能够更深入地了解自己，找到情绪波动的内在逻辑，从而更加宽容地对待自己的情绪反应。这种自我接纳的态度，为情绪的有效管理奠定了坚实的基础。

成功者深知，情绪对个人行为和决策有着深远的影响。情绪高涨时，人们往往容易作出冲动而缺乏理性的决定；情绪低落时，则可能陷入消极与悲观。因此，他们学会了在情绪波动时保持冷静。他们认识到，情绪并非完全不可控，通过自我调节，可以将其转化为推动个人成长和成功的动力。

二、掌握方法，驾驭人生

在人生的旅途中，真正的情绪驾驭者，懂得如何在风雨中保持冷静，在阳光中不失谦逊。以下是一些实用的情绪管理方法，能帮助我们成为情绪的主人，始终保持冷静与理智。

1. 自我观察：情绪的预警系统

情绪管理的第一步是自我观察。这意味着在日常生活中，我们需要时刻保持对自我情绪的警觉，如同一位冷静的旁观者，观察自己情绪的起伏变化。当愤怒、焦虑或悲伤等负面情绪悄然升起时，不妨先暂停一下，问问自己："我现在感觉如何？"这种自我对话能够帮助你迅速识别情绪，从而避免被情绪左右。

2. 深呼吸：情绪稳定的秘密武器

深呼吸是一种既简单又高效的情绪调节手段。当我们遭遇紧张或愤怒时，试着深吸一口气，让肺部充盈空气，再缓缓地呼气。这个过程中，我们的心率会自然放缓，血压也会逐渐降低，从而有助于平复情绪。深呼吸不仅能够帮助我们迅速恢复冷静，还能够提升我们的专注力和决策能力。

3. 积极思维：情绪转变的催化剂

积极思维是情绪管理的关键。遭遇挑战与困境，尝试以乐观视角审视，发掘其中的机会与成长空间。例如，当我们遭遇失败时，不妨将其视为一次宝贵的学习机会，而不是一次彻底的失败。这种思维方式的转变，能够显著减轻负面情绪，增强我们的自信心和韧性。

4. 情绪日记：情绪的自我反思

养成记录情绪日记的习惯，可以帮助我们更深入地认识自己的情绪模式。每天花几分钟时间，记录下你当天的情绪变化、触发这些情绪的事件以及我们对这些情绪的反应。翻阅情绪日记，我们能逐渐察觉自己在情绪调控上的不足，进而制定有针对性的改进策略。

5. 情绪释放：健康的方式很重要

情绪需要得到健康的释放。为了缓解负面情绪，我们可以采取多种方式，如进行体育锻炼、聆听音乐、记录心情日记或是向亲密的朋友倾诉心声。这些做法既能减压，又能提升心理健康。切勿使用消极的方式如酗酒、暴饮暴食或过度消费来应对情绪，这些行为只会让情绪问题更加严重。

6. 情绪训练：培养情绪韧性

情绪韧性是指在遭遇压力和挑战时，保持冷静、积极与自信的能力。我们可以通过参加冥想课程、情绪管理培训或阅读相关书籍来提升自己的情绪韧性。这些活动不仅能够帮助我们更好地管理情绪，还能够提高生活质量和工作效率。

7. 设定界限：保护自己的情感空间

在人际交往里，划定界限是维护自我情感领地的重要手段。懂得拒绝那些让自己不适或压力过大的要求，并且学会聆听自己内心的声音，尊重自己的情感与需要。通过设定界限，我们可以更好地控制自己的情绪，避免被他人或外界环境影响。

情绪管理既是一门技巧，也是一种实力。需铭记，情绪管理的精髓在于维持冷静与理智，唯有如此，我们才能在人生旅途中行进得更加长远与稳健。

第三节　目标导航：明确方向并持续前行

一个明确的目标犹如夜空中最璀璨的星辰，指引我们穿越迷雾与挑战。它既是行动的灯塔，也是精神的支柱，赋予我们前行的勇气与决心。本节将深入探讨如何设定并坚守个人及团队的目标，使其成为推动我们不断前进的动力。

孙武，被尊称为“孙子”，其著作《孙子兵法》至今仍被尊为军事及战略领域的经典之作。他强调，在战争中，明确的目标选择是制胜的关键。例如，在谋攻篇中，他提出“夫用兵之法，全国为上，破国次之”，这表明在战略决策上，应以保全敌国、不战而屈人之兵为最高境界，这体现了目标选择的智慧与远见。

孙武不仅阐述了目标选择的重要性，更强调了持续前行、灵活应变的战略执行。通过诸如柏举之战等具体战争案例，他展示了如何在明确目标后，通过周密的策划与灵活的战术，最终达成战略目标。

一、精准定位，设定清晰目标

孙武，这位古代军事家，以其深邃的智慧为我们提供了宝贵的人生启示。他告诫我们，在漫长的人生道路上，确立清晰的目标是必不可少的。然而，仅有目标也是不够的，面对挑战与困难，我们还需要有坚韧不拔的毅力，持续推动自己向前，同时也须具备灵活的思维，随时准备调整策略，以应对不断变化的环境。

在人生的广阔舞台上，每个人都是独一无二的演员，演绎着属于自己的精彩篇章。然而，在这场漫长且多变的旅途中，若想步伐更加坚实与高效，明确自己的人生航向，并制定清晰、具体且可度量的目标，就显得至关重要。成功者之所以能在各自的领域内脱颖而出，往往是因为他们深谙此道，以明确的目标为指引，不断前行，最终抵达成功的彼岸。

精准定位自己的人生方向，是设定清晰目标的前提。成功者通常具备深刻的自我认知，他们了解自己的兴趣、价值观、优势和劣势，能够基于这些信息，为自己的人生作出明智的选择。例如，一位热爱艺术且擅长绘画的年轻人，在定位自己的人生方向时，可能会选择成为一名插画师或动画设计师。这一选择不仅基于他的兴趣和优势，还考虑了市场需求和职业发展前景。通过精准定位，他能够将自己的才华和热情转化为职业发展的动力，从而在行业内脱颖而出。

尽管成功者在设定目标时会尽量考虑周全，但人生总是充满变数。因此，他们也会运用自己出色的适应力与灵活性，依据外界环境的变迁迅速调整自己的目标与策略。心理学中的“适应水平理论”指出，个体在面对环境变化时，会调整自己的适应水平，以保持心理平衡。成功者正是利用这一原理，在追求目标的过程中，不断评估自己的进展和外界环境的变化，确保目标始终与实际情况相符。例如，一位创业者原本计划在一年内将公司规模扩大一倍。然而，在执行过程中，他发现市场环境发生了显著变化，竞争对手纷纷涌现，客户需求也发生了变化。面对这一情况，他及时调整了目标，将重点放在了提高产品质量和服务水平上，而不是盲目追求规模扩张。这次调整让他在激烈的市场竞争中稳固了地位，同时也为公司的长远发展铺设了稳固的基石。

成功者在追求目标的过程中，不仅注重设定和规划，还重视持续监控和反馈。例如，一位希望提高写作能力的作家，可能会设定每周完成一篇高质量文章的目标。为了监控自己的进展，他可能会建立一个写作日志，记录每篇文章的创作过程、遇到的问题和解决方案。通过定期回顾和分析这些记录，他能够发现自己在写作方面的优点和不足，从而不断调整自己的写作方法和技巧，提高写作水平。

二、坚韧不拔，持续推动前行

在人生的旅途中，目标是我们不断前进的驱动力，它为我们指明了方向并提供了动力。然而，对于我们而言，如何设定一个既实际又鼓舞人心的目标，并持之以恒地向前推进，却是一个值得深入探讨的课题。以下是一系列实用的方法，能帮助我们更好地设定目标，并在实现目标的道路上持续前行。

1. 设定SMART目标

SMART原则，包括明确性、可测量性、可实现性、相关性和时限性，是制定有效目标的核心要素。明确性要求目标必须清晰无误，避免含混不清；可测量性意味着目标有明确的评估标准，以便追踪进展；可实现性确保目标既有挑战性又切实可行；相关性强调目标需要与个人或组织的长期愿景保持一致；时限性为目标设定了完成的截止日期，增加了紧迫感。例如，一个SMART目标可以是："计划在接下来的3个月期限内，通过每周至少3次、每次不少于30分钟的有氧锻炼，实现减重5公斤的目标。"这样的目标既清晰又实际，便于跟踪和评估。

2. 将大目标拆分为小步骤

面对宏大的目标，人们往往会感到压力巨大，甚至感到畏惧。此时，将大目标拆分成一系列小步骤，每完成一个步骤都是对自我的肯定，有助于逐步建立信心和增强动力。例如，如果我们的目标是成为一名优秀的作家，就可以将其分解为：每天阅读一小时、每周完成一篇短文、每月参加一次写作研讨会等。这些小步骤看似微不足道，但它们的累积将是我们实现目标的重要基石。

3. 建立支持网络

人是社会性动物，他人的支持与鼓励对于实现目标至关重要。建立一个由家人、朋友或同事组成的支持网络，让他们了解我们的目标，并在我们需要时给予鼓励、建议和帮助。同时，我们也可以加入相关的社群或组织，与志同道合的人一起分享经验、互相激励，共同成长。

4. 培养自律习惯

自律是实现目标的关键。通过设定固定的时间表，将与目标相关的活动融入日常生活，使之成为习惯，可以显著降低坚持的难度。例如，如果我们的目标是掌握一门新语言，我们可以每天固定时间进行词汇记忆、听力练习或口语对话，随着时间的推移，这些活动将成为日常生活的一部分，无须额外动力也能自然进行。

5. 定期回顾与调整

目标的设定并非一成不变，随着环境的变化和个人能力的提升，我们需要定期回顾目标，评估进度，并在必要时进行调整。这既展现了对自己的真诚，也体现了对目标的敬重。如果发现原定目标过于艰难或已不再符合当前的需求，不妨勇敢地调整方向，重新设定更加合适的目标。

6. 保持积极的心态

保持积极的心态是实现目标的基础。在遇到困难与挑战时，保持乐观的态度，坚信自己能够克服一切。记住，每次失败都是通往成功的垫脚石，每次尝试都使我们更接近目标。

确立目标并不断努力，是一个融合智慧、胆识与坚韧的过程，每一步的坚守与奋斗，最终将汇聚成帮助我们克服困难、实现梦想的强大动力。

第四节　知识迭代：持续学习与自我提升

在这个迅速演变的时代，知识的迭代速度非常快。持续不断地学习是保持与时代同步，促进个人发展和进步的关键。本节将探讨如何通过有效的学习策略与方法，实现知识的不断更新。

一、拥抱新知，拓宽视野

在信息化时代，成功者之所以能够持续保持其竞争优势，关键在于他们对待学习的积极态度和高效方法。不断学习，不仅是技能提升的必要途径，更是拓宽视野、适应变化的重要策略。许多成功者的故事为我们树立了持续学习与自我提升的典范，激励着我们不断追求进步，共创辉煌。

成功者深谙信息筛选与吸收之道。在浩瀚的信息海洋中，他们懂得如何高效地筛选出有价值的信息源，并快速吸收其中的新知识。这归功于他们出色的信息处理能力，涵盖迅速阅读、高效笔记及批判性思考。成功者通常会利用专业搜索引擎、学术数据库和社交媒体等渠道，来获取最新、最权威的信息。他们擅长从这些海量信息中，筛选出真正对自己有用的内容，并通过快速阅读和笔记技巧，将其转化为自己的知识体系。此外，成功者拥有批判性思维，能分辨信息的真伪与可靠性，从而防止被误导或虚度光阴。

跨界学习是成功者扩展思维视野的关键途径。跨界学习意味着从其他领域汲取灵感和知识，以全新的视角来看待问题。成功者明白，各领域知识之间是相互关联、相互交融的。通过跨界学习，他们可以从其他学科或领域中获取新的思维方式和解决方法，从而为自己的工作带来意想不到的启示和突破。例如，一位软件工程师可能会从音乐创作中汲取灵感，设计出更加人性化的用户界面；一位市场营销专家可能会从心理学研究中获得启示，制定更加精准的营销策略。跨界学习不仅扩大了行家们的思维范畴，还促进了他们的创新思考与创造力发展。

成功者将终身学习视为一种生活态度。他们明白，在这个日新月异的时代，唯有持续学习才能跟上时代节奏，维持个人的竞争力。因此，成功者始终怀揣对知识的热忱与对未知的探索欲，不懈追求个人成长与进步。他们不仅关注自己专业领域内的知识更新，还积极寻求跨界学习的机会，以拓宽自己的知识视野和思维边界。同时，成功者还注重培养自己的学习能力和学习方法，以便更加高效地吸收新知识。他们善于利用碎片时间进行学习，善于从日常生活中汲取灵感和启示。这种终身学习的态度不仅让成功者在职业上取得了卓越的成就，还让他们在生活中充满了活力和创造力。

二、实践反思，螺旋上升

在信息化时代，不断学习与自我提升是个人成长和社会进步的核心。无论是初入职场的新人还是经验丰富的专家，都必须不断适应新知识，提高自己，方能在这个不断变化的世界中保持竞争力。以下是一些策略，可以帮助我们更有效地持续学习与自我提升。

1. 设定学习目标，明确方向

明确的学习目标是自我提升的起点。这不仅包括设定一个宏伟的长期目标（如要成为行业专家），更要将其细化为一系列可操作、可衡量的小目标。例如，每月阅读一本专业书籍，每周学习一项新技能，每天抽出半个小时进行在线课程学习等。这些小而具体的目标，就像指引我们在学习道路上不断前进的路标。

2. 培养学习习惯，持之以恒

学习习惯是持续学习的关键。将学习融入日常生活，使之成为像吃饭、睡觉一样不可或缺的习惯，是提升自我的重要途径。安排固定的学习时段，比如早起一个小时阅读，或睡前用半个小时回顾所学，都是实用的方法。同时，利用碎片时间进行学习，如通勤路上听有声书，排队等候时浏览行业资讯，都能让学习成为无处不在的生活方式。

3. 多元化学习资源，拓宽视野

在知识快速更新的时代，仅靠单一学习资源已不足以满足个人成长的需要。充分利用互联网资源，如在线课程平台、专业论坛、知识分享网站以及行业内的社交媒体群组，都是获取新知、拓宽视野的有效途径。此外，参与线下研讨会、行业会议，与行业专家面对面交流，也是提升自我、获取灵感的重要方式。

4. 实践中学习，学以致用

理论知识的学习是基础，但真正的学习发生在实践中。把学到的知识运用到实际任务或项目中，经由实践验证理论，不仅能增进理解深度，还能通过实践发现问题并加以解决，从而提升解决复杂问题的能力。同时，倡导创新，敢于探索新事物，即便遭遇失败，也是一次珍贵的经验累积，为日后的尝试提供教训与启发。

5. 建立反馈机制，持续优化

持续学习是一个不断循环且反馈机制起着核心作用的过程。定期审视学习成效，评估学习策略的有效性，并适时调整学习计划，是确保学习效率与质量的关键。可以创建学习日记，记录每天的学习要点、收获以及个人反思；或者与同行、导师建立反馈机制，定期交流学习心得，获取外部评价和建议，从而不断优化学习路径。

6. 保持好奇心，勇于探索未知

好奇心是持续学习的内在动力。保持对周围世界的好奇心，勇于探索未知领域，不仅能够激发学习热情，还能在探索中发现新的兴趣点和增长点。无论是学习一门全新的语言，还是尝试一种新的艺术形式，都能为生活增添色彩，为个人成长开辟新的可能。

7. 培养终身学习的态度

在这个快速变化的时代，学习是一个永无止境的过程。将学习视为一种生活方式、一种对未知世界的探索、一种对自我价值的不懈追求，才能在知识迭代的浪潮中乘风破浪，持续前行。

持续学习与自我提升是一个系统工程。在这个过程中，我们不仅是知识的接受者，更是知识的创造者和传播者，借助不断的学习，我们不仅能促进个人发展，还能为社会进步贡献一己之力。

第五节　自我驱动：保持内在动力与激情

在成功者云集的世界里，自我驱动是通往卓越不可或缺的引擎。它不仅激励着个人不断超越自我界限，更是实现持续进步与成长的内在动力源泉。成功者深知，维持内心的驱动力和热情，是他们在多变环境中保持竞争力、不断前行的关键。本节将深入探讨培养和维持自我驱动能力的方法，从而在竞争中不断激发内在的动力与激情。

一、内在源泉：激发自我驱动力的核心

真正的成功源于内心不灭的火焰。无论外界环境如何变化，保持对梦想的热爱和对目标的坚定，就能激发无限的内在动力与激情，驱动我们不断前行，直至梦想的彼岸。

在成功者的征途上，自我驱动力如同一股不竭的清泉，滋养着他们的心灵，推动着他们不断前行。这股力量源自内心深处，是成功者追求卓越、实现自我提升的原动力。那么，这股内在源泉究竟源自何处，又该如何激发并维持其活力呢？

首先，自我驱动力的核心在于对目标的深刻认同与执着追求。成功者往往有着清晰而远大的目标，这些目标不仅关乎个人的成长与成就，更与他们的价值观与使命感紧密相连。因此，当面对挑战与困难时，成功者能够从中找到坚持下去的理由，将挫折视为成长的契机，而非前进的阻碍。他们深知，每一次的挫败都是通往胜利之路上的一块垫脚石，每一次的挑战都是对自我潜能的一次磨砺。正是这份对目标的深刻认同，激发了他们内在的驱动力，使他们能够在逆境中保持坚韧不拔，持续向前。

其次，自我驱动力的激发还源于对自我价值的不断追寻与实现。成功者往往拥有较强的自信心，他们坚信自己能够战胜挑战、达成既定目标。这种

自信并非盲目的自大，而是基于过往的成功经验、持续的学习与自我提升。成功者会确立富有挑战性的目标，并为之不懈努力。在达成目标的过程中，他们持续积累知识与经验，提升自我能力，进而加强自信与自我效能感。这种正向的循环，不仅激发了他们的内在动力，还使他们在面对未知与不确定性时更加从容不迫。

再次，自我驱动力的维持离不开对持续学习与自我反思的重视。世界持续变迁，知识不断更新，唯有不断学习、持续提升，方能维持竞争力。因此，成功者总是保持着对新知识、新技能的渴望，通过参加培训、阅读书籍、交流分享等方式，不断充实自己。同时，成功者还善于进行自我反思，他们会在每次行动后回顾自己的表现，总结经验教训，为未来的行动提供参考。这种持续学习与自我反思的习惯，不仅使他们的能力得到不断提升，还使他们的内在动力得以持续维持。

最后，成功者还懂得如何调节自己的情绪与心态，以保持内在的平衡与和谐。遭遇压力与挑战时，他们能迅速调整心态，专注于解决问题，而非沉溺于负面情绪。他们懂得如何运用积极心理学的方法，如感恩、乐观思维等，来提升自己的幸福感与满足感。这种良好的情绪管理能力，不仅使他们在面对困难时更加坚韧不拔，还使他们在追求目标的过程中更加享受过程、珍惜当下。

二、激情续航：维持高效动力的策略

在人生的征途中，自我驱动是引领我们不断前行的明灯。它源自内心深处，是激发我们追求梦想、克服挑战、持续进步的不竭动力。然而，面对日复一日的生活，如何维持这份高效的动力，成为许多普通人面临的难题。以下是一些实用的方法，能够帮助我们维持自我驱动的高效动力。

1. 建立仪式感，激发热情

作为维持动力的秘密武器，仪式感的力量不容小觑。它如同一座桥梁，将我们的日常行为与特定的意义紧密相连，赋予每一个平凡瞬间以非凡的意义。清晨，当第一缕阳光穿透窗帘时，不妨抽出片刻进行简短的冥想或阅读，这不仅是对心灵的滋养，更是为新的一天注入正能量的仪式。当努力付出后，小目标逐一实现，不妨用一杯香浓的咖啡或一次说走就走的短途旅行作为奖励，这些看似微小的仪式感，实则如同强心剂，能激发我们内心的热情，让学习或工作不再是枯燥无味的重复，而是充满乐趣和意义的探索之旅。它们让我们在平凡的日子里，也能感受到生活的仪式感，从而更加珍惜每一个当下，保持源源不断的内在动力。

2. 寻找榜样，汲取力量

榜样，是自我驱动的重要源泉。寻找那些与我们有着相似梦想和目标的人，了解他们的故事，学习他们的方法，可以为我们提供源源不断的动力。我们可以通过阅读传记、参加行业论坛、加入兴趣小组等方式，与志同道合的人建立联系，从他们的成功故事中汲取力量，激励自己不断前行。

3. 培养韧性，面对挑战

在逐梦的旅途中，挑战与困难如影随形，它们如同试金石，考验着我们的决心与毅力。因此，培养韧性显得尤为重要。韧性，是一种面对挫折时的冷静与乐观，它教会我们从失败中汲取养分，视其为成长的契机。当遭遇困境，我们应调整心态，保持乐观，视之为通往成功的必经之路。同时，根据实际情况灵活调整策略，确保自我驱动的力量在逆境中依旧强劲。韧性，如同坚固的盾牌，保护我们在风雨中屹立不倒，持续前行，直至梦想的彼岸。

在追求自我驱动的旅程中，我们学会了如何点燃内心的激情，如何在逆境中坚守韧性，如何在平凡的日子里发现非凡的意义。让我们带着这份动力与激情，继续前行，在人生的舞台上绽放属于自己的光芒，书写属于自己的辉煌篇章。